DAS GEHEIME LEBEN DER
ELEFANTEN

DAS GEHEIME LEBEN DER

ELEFANTEN

Von der Weisheit, Seele und Treue der grauen Riesen

PAULA KAHUMBU
CLAUDIA GEIB

NATIONAL GEOGRAPHIC

Gegenüber: Mit aufgestellten Ohren stürmt ein Elefant durchs Schlammwasser in Namibia.
Seite 1: In der Serengeti schlägt ein Blitz am Horizont hinter einer Elefantenfamilie ein.
Seiten 2–3: Ganz nah vorbei an einer ferngesteuerten Kamera zieht dieser Elefant mit seiner Familie im kenianischen Samburu National Reserve.

SAVANNENELEFANTEN

Eine Elefantenfamilie in Botswana im Licht der Abenddämmerung. Diese äußerst sozialen Tiere gehen in den Grasebenen Afrikas gemeinsam durch dick und dünn.

WALDELEFANTEN

Diese scheuen »Gärtner des Waldes« im Kongobecken leben gerne im Verborgenen zwischen den Bäumen und sind gleichzeitig ein wichtiger Faktor für die Gesundheit des Regenwaldes.

WÜSTENELEFANTEN

Sie gehören zur selben Art wie die Savannenelefanten, haben sich aber dem Leben in der Wüste angepasst. Diese namibischen Elefanten nutzen die Erfahrungen und das Wissen ihrer Vorfahren, um in der unwirtlichen Wüste zu überleben.

ASIATISCHE ELEFANTEN

Wie hier in Indien sind Elefanten in ganz Asien seit Jahrhunderten mit den Menschen verbunden – und doch fangen wir gerade erst an, etwas über ihr Leben zu lernen.

EINFÜHRUNG
GEHEIMNISSE DER ELEFANTEN
PAULA KAHUMBU

Im Alter von 26 Jahren erhielt ich ein Stipendium für eine Doktorarbeit über Elefanten. Dabei hatte ich zuvor noch nie direkt mit Elefanten zu tun gehabt und keine Vorstellung davon, worauf ich mich einließ. Um ehrlich zu sein, ich hatte Angst.

Man bot mir an, die nötigen Grundlagen in einem von Cynthia Moss geleiteten Forschungsprojekt im Amboseli National Park in Südkenia zu erwerben. Ich fand mich auf dem Rücksitz eines holprigen, staubigen Land Rovers wieder, zusammen mit Soila Sayialel und Norah Njiraini, Cynthias Forschungsassistentinnen, die sich ihr ganzes Arbeitsleben mit den Amboseli-Elefanten beschäftigt hatten. Während wir durch die Savanne fuhren, trugen Soila und Norah jeden Elefanten, den wir sahen, in ein Buch ein. Sie sprachen mit den Elefanten mit ruhiger, fürsorglicher Stimme. »Hallo, Dionysos«, sagten sie zu einem riesigen Elefantenbullen. »Du siehst heute besonders gut aus! Wo warst du in den letzten drei Wochen, und wo sind deine Freunde?«

Sie hatten ein dickes Album dabei, das Bilder von 1500 Elefanten enthielt, die im Amboseli erfasst worden waren. Das war ihre Bibel. Doch auch ohne sie konnten die beiden jeden Elefanten schon von Weitem erkennen, ohne ihn genauer untersuchen zu müssen. Für mein Laienauge sahen sie alle gleich aus.

Während wir weiterfuhren, sprachen Soila und Norah über den allgemeinen Gesundheitszustand der Elefanten, ihren Fortpflanzungsstatus und ihr Verhalten. Die zwei kannten alle Elefanten bei ihren Namen

Gegenüber: Ein junger afrikanischer Savannenelefant im kenianischen Aberdare Nationalpark geht auf Tuchfühlung – perfekt für ein Porträtfoto.

und hatten eine Menge Informationen über jeden Einzelnen. Und die Elefanten schienen auch sie zu kennen. Als sie ihre Stimmen hörten, kamen sie auf uns zu, spähten ins Innere des Wagens und kamen uns so nahe, dass wir sie riechen konnten. Die beiden Frauen lachten, als sie ihre Freunde begrüßten.

Ich hatte eine fantastische Zeit mit Soila und Norah und verbrachte diese von morgens bis abends bei den Elefanten. Da war mir klar, dass ich das Gleiche wie die zwei tun wollte. Bis dato war jeder, den ich in der Forschungsarbeit und im Elefantenschutz kennengelernt hatte, ein weißer Ausländer. Als schwarze Frauen waren Norah und Soila eindrucksvolle Vorbilder – der beste Beweis dafür, dass auch jemand wie ich eine Elefantenexpertin werden konnte.

Meine allererste Arbeitserfahrung mit Elefanten war leider eine völlig andere gewesen. Die ersten Elefanten, denen ich begegnete, waren bereits tot. Man hatte sie wegen ihrer Stoßzähne erschossen, und mehr als diese sah ich nicht von ihnen. Ich war damals 23 Jahre alt und hatte den Auftrag, den kenianischen Elfenbeinbestand erstmals einer Inventur zu unterziehen. Die staubigen Stoßzähne waren unordentlich aufgetürmt. Einige waren so groß, dass ein ganzes Team von Freiwilligen sie zur Waage tragen musste. Andere stammten von wahrscheinlich erst kürzlich getöteten Elefanten, da noch Fleisch an ihnen klebte und Spuren von Macheten zu sehen waren, mit denen die Stoßzähne aus den Schädeln der Elefanten gehackt worden waren.

Der Geruch war so unerträglich, dass ich mich übergeben musste. Wir wogen und maßen jeden Stoßzahn. Wir füllten Listen mit Daten, die eine schreckliche Geschichte erzählten. Es gab eine Zeit, da hatten Elfenbeinjäger nur die größten Bullen erlegt. Doch dann wurde der Elfenbeinhandel so lukrativ, dass jeder Stoßzahn, egal wie groß, eine Gewehrkugel wert war. Die Wilderer wurden so gierig, dass sie keinen Elefanten verschonten. Wir fanden kleine Stoßzähne von zwei Jahre alten Jungtieren, die kaum ein Kilogramm schwer waren. Am Ende waren es zwölf Tonnen Elfenbein – das Zeugnis eines Krieges, in dem Dutzende von Rangern gestorben waren, um das größte Landsäugetier der Welt zu schützen. Gleichzeitig war es der Beweis für ein gigantisches kriminelles Geschäft, das den Elfenbeinhändlern Millionen einbrachte. Die Lage schien hoffnungslos. Ich war überzeugt davon, dass die Elefanten komplett ausgelöscht würden.

Zum Glück gab es in den späten 1980er-Jahren erste Anzeichen für einen Wandel, dabei gehörte Kenia zu den Vorreitern. 1989 inszenierte man eine dramatische Elfenbeinverbrennung, um ein Zeichen zu setzen gegen den weltweiten Elfenbeinhandel, der kurz darauf tatsächlich verboten wurde. Nicht zuletzt die Daten meiner Inventur, so entsetzlich sie auch waren, hatten etwas bewirkt. Ich wollte unbedingt mehr über Elefanten lernen, aber dieses Mal über die lebenden Elefanten in freier Wildbahn. Ich war entschlossen, mich für die Rettung der Elefanten einzusetzen.

Ich fand bald heraus, wie schwer es für eine junge afrikanische Frau ist, in der Feldforschung Fuß zu fassen. Ich wurde von den ausländischen Wissenschaftlern nicht gerade willkommen geheißen, und meine Bewerbungen für zwei von Amerikanern geleitete Forschungsstationen wurden abgelehnt. Noch schwieriger war es, eine Forschungsförderung zu erhalten, obwohl ich in Princeton studierte, einer der renommiertesten Universitäten der Welt. Es gab jedoch einen Fürsprecher, der mir Türen öffnete: Richard Leakey, der als Direktor des Kenya Wildlife Service maßgeblich für die Neuausrichtung des

Die Elefanten- und National-Geographic-Forscherin Paula Kahumbu im Serengeti Nationalpark in Tansania, umgeben von den Tieren, denen sie ihr Leben gewidmet hat.

Kampfes gegen Wilderer verantwortlich war. Dank Richards Ermutigung und Unterstützung bekam ich mein eigenes Forschungsgebiet auf dem Gipfel eines bewaldeten Berges im Süden Kenias, in den Shimba-Bergen.

Zu dieser Zeit war ich eine junge Mutter mit einem 18 Monate alten Baby. Mein Sohn begleitete mich an der Universität und unterwegs im Gelände, und genau wie ein Elefantenbaby machte er jede meiner Bewegungen nach. Um Elefanten zu studieren, muss man sie identifizieren können. Also zeichnete ich ihre Ohren nach. Derweil saß mein Sohn in seinem Kindersitz auf der Rückbank und bekritzelte meine Datenblätter. Wenn ich im Wald war, saß er bei meinem Team auf einer Picknickdecke. Während wir Bäume vermaßen, zog er an Maßbändern und räumte unsere Rucksäcke aus. Später konnte ich ihn in einem Tragerucksack mitnehmen. Er lernte Lesen mit Büchern über – genau – Elefanten. Diese Art der Kindererziehung ist nicht ungewöhnlich, wenn man Feldökologe ist. Doch damals gab es nur wenige afrikanische Feldökologen, weshalb mich meine kenianischen Kollegen für verrückt hielten, mein Baby mit in den Wald zu nehmen.

Savannenelefanten gehören zu den am besten erforschten Tieren der Erde, aber über ihr Leben im Wald war damals nur wenig bekannt. Ich verbrachte acht Jahre im Wald, um Savannenelefanten zu beobachten. Dabei stellte ich fest, dass sie sich an diesen völlig anderen Lebensraum auf eine Art und Weise angepasst hatten, die sie von Elefanten in Tieflandgebieten wie Amboseli und Masai Mara unterscheidet. Sie waren kleiner und lebten in kleineren Familienverbänden. Ich staunte, wie geräuschlos sie sich durch den Wald bewegten. Sie wirkten auf mich wie die Gärtner des Waldes. Sie sorgten dafür, dass riesige Bäume auf eine geeignete Höhe gestutzt wurden, damit sie mit ihren Rüsseln die Blätter und Früchte erreichen konnten. Durch das Erfassen entsprechender Daten konnte ich belegen, dass es dieser Population gut ging.

Leider wurde das Gebiet nach Abschluss meiner Forschung zu einem Paradies für Wilderer. Heute gibt es nur noch weniger als 50 dieser im Wald lebenden Savannenelefanten.

Als Anfang des neuen Jahrhunderts die Wilderei in ganz Afrika wieder aufflammte, wurde mir klar, dass es nicht ausreicht, Elefanten nur zu studieren. Ich musste alles in meiner Macht Stehende tun, um zu ihrem Schutz beizutragen. Im Jahr 2007 nahm ich Richard Leakeys Angebot an, CEO von WildlifeDirect zu werden, einer von ihm gegründeten Nichtregierungsorganisation. Im Juli 2013, auf dem Höhepunkt der Wilderei-Krise in Kenia, rief WildlifeDirect die Kampagne »Hands Off Our Elephants« (Hände weg von unseren Elefanten) ins Leben. Dabei handelte es sich um eine noch nie da gewesene Allianz zwischen kommunalen Initiativen, karitativen und religiösen Organisationen, indigenen Bevölkerungsgruppen, Stiftungen, Berufsverbänden, Unternehmen, Regierungsbehörden, Prominenten und vor allem Tausenden von Kenianern, die für die Elefanten öffentlichkeitswirksam auf die Straße gingen. Diese politische und öffentliche Solidaritätsbekundung für die Elefanten, wie es sie in Afrika zuvor noch nie gegeben hatte, führte zu einer Reihe von Maßnahmen, mit denen die Wilderei im Laufe der Zeit eingedämmt werden konnte.

Die Beziehung zwischen Elefanten und Menschen besteht seit Urzeiten. Der Mensch hat sich in der afrikanischen Savanne evolutionär entwickelt,

DIE BEZIEHUNG ZWISCHEN MENSCHEN UND ELEFANTEN ZEICHNET SICH DURCH ETWAS GANZ BESONDERES AUS. ZWISCHEN UNS GIBT ES DIESE WUNDERSAME VERBUNDENHEIT. WER JEMALS IN DIE AUGEN EINES ELEFANTEN GESCHAUT HAT, WIRD VERSTEHEN, WAS ICH MEINE.

dort, wo Elefanten noch für Jahrtausende friedlich neben anderen pflanzenfressenden Wildtieren und Hausrindern lebten. Elefanten spielten eine Schlüsselrolle bei der Erhaltung dieser weitläufigen Graslandschaften, indem sie das Wachstum des Buschwerks eindämmten, Wege durch das dichte Unterholz bahnten und bei der Ausbreitung von Obstbäumen halfen, indem sie deren Samen mit ihrem Kot verteilten.

Heute sind die Savannen durch die Ausbreitung der Landwirtschaft und die Urbanisierung sowie durch die Auswirkungen des Klimawandels bedroht. Konflikte zwischen Viehzüchtern, Elefanten und anderen Wildtieren, die alle dieselben knappen natürlichen Ressourcen beanspruchen, nehmen zu. Mancherorts gelingt dennoch ein friedliches Zusammenleben von Menschen und Elefanten. Im Norden Kenias sind in Zeiten der Dürre Hausrinder und Elefanten auf dieselben Wasserstellen angewiesen. Anstatt sie zu vertreiben, erlauben die Hirten den Elefanten, sich den Wasserstellen aus einer bestimmten Richtung und zu bestimmten Tageszeiten zu nähern. Die Elefanten haben gelernt, diese Regelungen zu respektieren und Konfrontationen zu vermeiden.

Diese Intelligenz, Feinfühligkeit und Lernfähigkeit sowie das Vermögen, Entscheidungen auf sozialer Ebene zu treffen, erklären die Faszination, die Elefanten auf alle ausüben, die sie kennen. Doch die Beziehung zwischen Menschen und Elefanten zeichnet sich durch etwas ganz Besonderes aus, das mehr ist als eine gleichartige Intelligenz. Zwischen uns gibt es diese wundersame Verbundenheit – als wäre sie während unserer gemeinsamen Evolution in Afrika in unserer DNA verewigt worden. Wer jemals in die Augen eines Elefanten geschaut hat, wird verstehen, was ich meine.

Die mehr oder weniger friedliche Koexistenz von Menschen und Elefanten in Afrika endete mit der Ankunft europäischer Siedler. Es begann eine bis heute anhaltende Ausbeutung der Elefanten. In den Jahrzehnten seit der verstärkten Ansiedlung von Kolonisten im späten 19. Jahrhundert schlachteten die ausländischen Trophäenjäger, unterstützt von einheimischen Helfern, Elefanten in einem unvorstellbaren Ausmaß ab.

In den letzten 50 Jahren hat sich eine Generation afrikanischer Jäger entwickelt, die den illegalen Elfenbeinhandel bedient. Sie sind mit modernen Waffen ausgestattet, die Elefanten zu einer leichten Beute machen. Darüber hinaus werden die Tiere zur Unterhaltung der Menschen ausgebeutet. Nach wie vor werden Elefantenbabys ihren Müttern weggenommen und an Zoos verkauft, obwohl bewiesen ist, dass ein Leben in Gefangenschaft bei Elefanten psychische Leiden verursacht.

Selbst das Filmen von Wildtieren, obwohl an sich harmlos, geht mit einer Kommerzialisierung einher. Aufnahmen von Afrikas Elefanten werden für das westliche Fernsehpublikum produziert, zum kommerziellen Nutzen westlicher Produktionsfirmen. Da sich aber viele afrikanische Fernsehsender die Lizenzgebühren für die Ausstrahlung solcher Programme nicht leisten können, bleiben inspirierende Dokumentarfilme der überwiegenden Mehrheit der afrikanischen Bevölkerung vorenthalten. Als afrikanische Filmemacherin setze ich mich gezielt gegen diese Ungleichheit ein. Aus diesem Grund habe ich mich entschieden, an den Dreharbeiten, die während der Recherchen zu diesem Buch stattfanden, nur unter der Bedingung teilzunehmen, dass die Sendungen den kenianischen Zuschauern zugänglich gemacht werden.

Obwohl ich inzwischen lange mit Elefanten gearbeitet hatte, kannte ich die Populationen im zentralen, westlichen und südlichen Afrika nur aus zweiter Hand. Umso mehr hat mich das, was ich während der Dreharbeiten zu dieser Serie gesehen habe, überwältigt. Ich hatte wieder das Gefühl, Elefanten zum ersten Mal zu begegnen, so unterschiedlich sind dieselben Arten je nach Region. Ich konnte erleben, wie sehr sie sich physiologisch und sozial den jeweiligen Bedingungen angepasst haben.

Mit eigenen Augen sah ich, wie sich die Wüstenelefanten an eine der unwirtlichsten Regionen der Welt angepasst haben. Sie überleben, obwohl sie gewaltige Distanzen zurücklegen müssen, um Nahrung und Wasser zu finden. Zwar gehören sie zur selben Art wie die Savannenelefanten, sie sehen aber anders aus: dünner und scheinbar größer. Wie im Kapitel über Wüstenelefanten beschrieben wird, sind ihre Familienverbände kleiner, und die Populationen nehmen langsamer zu, was auf die längere Zeitspanne zwischen den Generationen und die hohe Kälbersterblichkeit zurückzuführen ist. Junge Bullen, die sich von der Familie lösen, müssen unter Umständen beträchtliche Distanzen zurücklegen, um ein paarungswilliges Weibchen zu finden. Obwohl sie weit voneinander entfernt in der weiten, rauen Wüstenlandschaft leben, können Wüstenelefantenfamilien miteinander kommunizieren und sogar ihre Wanderwege abstimmen. Wie sie das tun, weiß niemand. Es ist eines der vielen ungelüfteten Geheimnisse dieser majestätischen und mutigen Tiere.

Noch weniger ist über Waldelefanten bekannt, die erst 2021 als eigene Art eingestuft wurden. Nahezu unser gesamtes Wissen über sie beruht auf Beobachtungen in sogenannten Bais – von Elefanten angelegten Regenwaldlichtungen, die nur einen minimalen Einblick in ihr Leben gewähren. Diese geheimnisvollen Tiere sehen auf den ersten Blick wie Savannenelefanten aus. Doch sie unterscheiden sich durch ihre rundlichen Ohren und die eigentümlichen, nach unten gerichteten Stoßzähne, die schwarz-braun und gelb sind – wie ungeputzt.

Eine Herausforderung, die Waldelefanten ebenso wie Wüstenelefanten meistern müssen, ist paradoxerweise der Zugang zu Nahrung. Denn ein Großteil der üppigen Waldvegetation ist für Elefanten ungenießbar. Außer an den Flussufern, wo sie sich ungeschützt und unsicher fühlen, gibt es nur wenig Gras, und die schmackhaften Früchte im Blätterdach des Waldes sind selbst für die längsten Rüssel unerreichbar. Die Elefantenfamilien sind angewiesen auf die Kräfte der Elefantenbullen, die die Bäume schütteln, damit die Früchte auf den Boden fallen.

Die Waldelefanten sind wichtige Stützen des Ökosystems, da sie Wege durch den dichten Dschungel bahnen und die Samen der Obstbäume verbreiten. Jüngste Forschungen belegen, dass die hartschaligen Samenkörner von mehr als 100 Waldbaumarten den Darm eines Elefanten durchqueren müssen, um anschließend keimfähig zu sein.

Die Orientierung im dichten Wald ist eine besondere Herausforderung für die Elefanten. Wir wissen nur sehr wenig darüber, wie sie dabei vorgehen oder wie sie mit anderen Elefantenfamilien in Kontakt bleiben. Vermutlich sind ihr Rüssel und ihr Geruchssinn die wichtigsten Navigationsinstrumente der Tiere.

Was mich allerdings bei meinen Begegnungen mit Waldelefanten am meisten beeindruckte – und gleichzeitig auch bestürzte –, war ihre Angst vor Menschen. Wenn ein Waldelefant dich ansieht, ist es fast so, als würde er durch dich hindurchschauen. Sein erschrockener Gesichtsausdruck wird dabei durch die kastanien- oder bernsteinfarbenen Augen noch eindringlicher. Vermutet der Elefant einen Menschen in seiner Nähe, richtet er seinen Rüssel auf, schwenkt ihn in der Luft und versucht, den Eindringling zu wittern. Bestätigt sich die Anwesenheit eines Menschen, zieht sich der Elefant entweder zurück und verschwindet im Wald – oder er attackiert und ist dabei bereit zu töten. Während unserer Dreharbeiten wurden drei von fünf Kamerafallen zerstört aufgefunden. Die letzten Videoaufnahmen zeigen jeweils einen wedelnden Rüssel, der die an der Kamera angebrachte Duftmarke untersucht, gefolgt von einer schnellen und präzisen Bewegung des Stoßzahns in Richtung Linse.

Die Angst der Waldelefanten vor Menschen ist eine Reaktion auf die jahrhundertelange Jagd nach ihnen mit primitiven und unerträglich grausamen Methoden. Das resultierende Verhalten der Elefanten wiederum löst bei den Menschen Ängste und Feindseligkeit aus. Diese wechselseitige Furcht ist ein fataler Teufelskreis, der sämtliche Chancen für eine friedliche Koexistenz zunichte gemacht hat.

In der Savanne hat das Verhältnis zwischen Menschen und Elefanten sowohl Höhen als auch Tiefen erlebt. Im Wald wenden die Jäger zwar inzwischen weniger barbarische Methoden an, doch dies ändert nichts daran, dass die Elefanten die Menschen hassen. Die Beziehung zwischen Mensch und Elefant ist zerrüttet.

Asiatische Elefanten haben sich ebenfalls an extreme Lebensbedingungen angepasst, und zwar an die weit verbreitete und stellenweise fast vollständige Zerstörung ihres natürlichen Waldlebensraums. Asiatische Elefanten werden gemeinhin nicht gejagt und in einigen Teilen Asiens sogar als Götter verehrt. Sie leben seit Langem in unmittelbarer Nähe der Menschen und sind sogar teilweise (aber niemals gänzlich) domestiziert worden.

Die schwindenden frei lebenden Populationen, die durch menschliche Aktivitäten auf immer kleinere Gebiete ihres natürlichen Lebensraums beschränkt sind, haben gelernt, sich um menschliche Siedlungen herumzuschleichen, um nicht entdeckt zu werden. Sie begnügen sich mit kleinen Diebstählen, die ihnen als Ergänzung zu den immer schwieriger zu findenden Nahrungsquellen in der freien Natur dienen. Als Diebe beweisen sie mitunter bemerkenswerten Einfallsreichtum. Ähnlich wie bei den gemeinsam genutzten Wasserlöchern im Norden Kenias scheinen die Asiatischen Elefanten gelernt zu haben, wie weit sie sich vorwagen können, ohne die Geduld der Menschen übermäßig zu strapazieren. Sie können nur deshalb in einer vom Menschen dominierten Gegend überleben, weil Elefant und Mensch gelernt haben, sich zu tolerieren und zu respektieren.

Ich befürchte, dass diese wachsame Koexistenz auch die Zukunft der Afrikanischen Elefanten sein könnte, wenn wir nicht in der Lage sind, ihnen rechtzeitig ausreichend Raum für ein freies Leben in der Natur zu geben.

Die Dreharbeiten in den verschiedenen Lebensräumen auf der ganzen Welt haben mich mit Bewunderung und Ehrfurcht vor der Intelligenz, dem Einfallsreichtum und der Anpassungsfähigkeit der Elefanten erfüllt. Diese Eigenschaften haben es ihnen ermöglicht, unter extremsten Bedingungen zu überleben und sogar zu gedeihen.

Das Gehirn von Elefanten ist um einiges größer als unseres, wobei ihre Intelligenz nicht mit der des Menschen vergleichbar ist. Ihr Verstand scheint eher ein kollektives als ein individuelles Merkmal zu sein. Elefanten verfügen über eine erstaunliche Fähigkeit, überlebenswichtige Kompetenzen von anderen Elefanten zu erlernen – sei es, um in der Wüste Wasser zu finden, um die Gefährdung durch Menschen oder Löwen richtig einzuschätzen oder um Tomaten vom Bauern zu stibitzen. Elefantenbullen, die im Amboseli auf der Suche nach Feldfrüchten sind, erkennen das Geräusch von Rangerfahrzeugen und sind schon wieder verschwunden, bevor die Ordnungshüter eintreffen. Forscher haben herausgefunden, dass die Amboseli-Elefanten sogar zwischen »freundlichen« und »gefährlichen« Menschen differenzieren können. Anhand von Sprach- und Stimmmerkmalen erkennen sie potenzielle Bedrohungen, die von Menschen ausgehen.

Mithilfe ihres ebenso beeindruckenden Gedächtnisses kann dieses Wissen von Generation zu Generation weitergegeben werden. Wissenschaftler von Save the Elephants haben herausgefunden, dass dieses Gedächtnis auch dann fortbesteht, wenn bedeutende Matriarchinnen durch Wilderei oder Dürre getötet werden und jüngere Weibchen ihre Rolle übernehmen. Das zeigt die Bedeutung einer stabilen Sozialstruktur für das Überleben der Elefanten.

Andere Studien haben ergeben, dass junge Elefanten, die (zu ihrer eigenen Sicherheit) in neue Gebiete umgesiedelt wurden, ein geringeres Aufmerksamkeitsniveau aufwiesen als Elefanten in stabilen sozialen Verhältnissen. Dass diese Elefanten – obwohl nicht direkt miteinander verwandt – in der Lage waren, im Laufe der Zeit einen stabilen Familienverband zu bilden, ist sehr ermutigend.

Elefanten verfügen über eine außergewöhnliche emotionale Intelligenz. Die Bedeutung des Familienlebens in Elefantenpopulationen ist umfassend dokumentiert – von der Beteiligung anderer weiblicher Familienmitglieder (den sogenannten Allomüttern) an der Aufzucht der Jungen bis hin zu den enormen Anstrengungen, die Elefanten auf sich nehmen, um verletzte oder behinderte Familienmitglieder zu umsorgen.

Darüber hinaus haben die Wissenschaftler von Save the Elephants gezeigt, dass das soziale Wohlergehen der Elefanten nicht nur von der Bewahrung von Familienstrukturen abhängt, sondern auch von übergeordneten sozialen Organisationsebenen, die sie Verbünde oder Clans nennen. Diese größeren Gruppierungen finden seltener zusammen, dürften aber sehr wichtig für den Informationsaustausch sein und zur Erhaltung der genetischen Vielfalt beitragen, weil auf diese Weise auch entfernt verwandte Elefanten aufeinandertreffen und sich paaren können. Verbünde und Clans bieten darüber hinaus einen sozialen Rückhalt für die Überlebenden von Familien, die von Wilderern zerschlagen wurden. Hier können sie neue familiäre Bindungen knüpfen.

Daraus wird deutlich, dass es nicht ausreicht, den Elefanten lediglich einzelne Schutzgebiete einzurichten. Sie benötigen auch geschützte Ausbreitungsgebiete und Korridore, um die wichtigen sozialen Kontakte zu Clanmitgliedern in weiter entfernten Gebieten aufrechtzuerhalten.

Trotz aller bisherigen Erkenntnisse werden uns die Elefanten wahrscheinlich nie sämtliche Geheimnisse preisgeben. Was wir heute beobachten können, ist nur der kleine Rest dessen, wie Elefantengemeinschaften früher bestanden. Ein immenses Wissen ist bereits verloren gegangen – sowohl für die Elefanten als auch für die Menschen. Trotz unserer Gemeinsamkeiten mit Elefanten ist es offensichtlich, dass sie über eine Intelligenz und Sensibilität verfügen, die das menschliche Verständnis übersteigt. Jeder Elefant hat seine eigene Geschichte und hütet seine eigenen Geheimnisse – wahrscheinlich auch vor anderen Elefanten.

Mittlerweile verfügen wir über ausreichende Erkenntnisse, um zu begreifen, dass der Schutz der Elefanten, wenn er erfolgreich sein soll, weit mehr als nur die Erhaltung der Populationszahlen erfordert. Erhaltungsstrategien sollten nicht nur die Bestandszahlen berücksichtigen, sondern auch die Lebensqualität der Elefanten, insbesondere die Qualität des sozialen Lebens. Die Einrichtung von Schutzgebieten, in denen Elefanten ungestört leben können, und von Ausbreitungsgebieten, die sie brauchen, um ihre Gemeinschaften zu erhalten, ist ein wichtiger Anfang. Wir müssen zudem eine positive Beziehung zwischen Menschen und Elefanten wiederherstellen. Der Mensch hat zwar Elefantenkulturen und -gesellschaften zerstört, aber noch nicht ihren Lebensmut gebrochen. Wenn wir friedlich auf die Elefanten zugehen, werden sie darauf eingehen. Während der Dreharbeiten zu *Secrets of the Elephants* haben mich nicht nur die Elefanten beeindruckt und bewegt, sondern auch die Menschen, die sie lieben. Das stimmt mich optimistisch, dass wir dieser Aufgabe gewachsen sind.

Die Matriarchin Maya und ihre älteste Tochter (links) begrüßen den älteren Bullen Boone im kenianischen Samburu National Reserve.

Vor Kurzem erregte der Fall von Happy, einem weiblichen Elefanten, der seit fast 20 Jahren im Bronx Zoo in New York in Einzelhaltung lebt, Aufmerksamkeit. Anwälte des Nonhuman Rights Project beantragten vor Gericht in Happys Namen ihre Freilassung und beriefen sich dabei auf das angelsächsische Habeas-Corpus-Recht – das Recht auf die gerichtliche Überprüfung einer Inhaftierung. Sie argumentierten, dass Happy als autonomer, kognitiv äußerst leistungsfähiger Elefant Anspruch auf dieselben Rechte habe, die einer Person zugesprochen werden. Obwohl das Gericht mehrheitlich ihre Freilassung ablehnte, sprachen sich zwei Richter deutlich gegen diese Entscheidung aus. Eine von ihnen, Jenny Rivera, schrieb: »Ihre Gefangenschaft ist von Grund auf ungerecht und unmenschlich. Sie ist ein Schandfleck für eine zivilisierte Gesellschaft, und jeder Tag, an dem sie in Gefangenschaft bleibt – eine Zurschaustellung für die Menschen – erniedrigt auch uns.« Diese gewichtigen Worte drücken eine einfache Wahrheit aus, die sogar ein Kind schon versteht: Happy hat es verdient, von den Qualen eines einsamen Lebens hinter Gittern befreit zu werden.

Der öffentliche Aufschrei in Kenia über den Tod Tausender Elefanten durch Wilderer, der Anstoß für die Kampagne »Hands Off Our Elephants« war, und der Protest in New York angesichts des Leidens eines einzelnen Elefanten in einem Zoo sind gleichermaßen Ausdruck von Empathie. Ich bin davon überzeugt, dass dadurch eine neue Ära eingeleitet werden kann, in der beide Seiten von der Koevolution profitieren. Wir wissen, dass sich Elefanten an das Zusammenleben mit Menschen anpassen können, sofern man ihnen die Gelegenheit dazu gibt. Wir werden bessere Menschen sein, wenn wir es schaffen, in Frieden mit ihnen zu leben.

KAPITEL EINS

SAVANNEN ELEFANTEN

SAVANNE

AFRIKAS GRÖSSTE UND BEZAUBERNDSTE FAMILIEN

Das goldene Nachmittagslicht liegt über dem südlichen Kenia, und während die Sonne langsam hinter dem Kilimandscharo versinkt, erblickt zwischen wogenden Gräsern und vereinzelten Baobab-Bäumen ein neues Leben das Licht der Welt.

Eudora, ein Afrikanischer Elefant, der im Amboseli Nationalpark lebt, steht kurz vor der Entbindung. Sie ist bereits seit über 20 Monaten trächtig, doch nun steht ihr der schwerste Teil ihrer Schwangerschaft bevor. Sie schreit auf und wiegt sich unter den Wehen hin und her, um das 90-Kilogramm-Bündel zu gebären. Schwestern, Nichten und Cousinen umringen und streicheln sie mit ihren Rüsseln. Irgendwann steht ihre ältere Tochter Elspeth hinter ihr und gibt ein tiefes, brummendes Grollen von sich – das gleiche Geräusch, mit dem Elefantenweibchen ihr Baby rufen.

Am Abend fängt Eudora an, ihre Hinterbeine zu beugen und geht wiederholt in die Hocke. Mit einer gewaltigen Woge fällt das Baby auf die Erde. Es ist wuschelig und hat eine helle, grau-rosa-farbene Haut – eine perfekte Miniversion seiner Mutter. Das Kalb tastet mit seinem winzigen Rüssel nach festem Boden, während es mit seinen wehmütigen dunklen Augen nach oben schaut.

Schon nach einer halben Stunde macht das Baby seine ersten Schritte. Eudora stupst es mit ihrem Rüssel und ihren Füßen zu ihrer Brust, damit es

Gegenüber: Ein Elefant an einem Wasserloch in Kenia demonstriert mit seiner Körperhaltung seine Dominanz. — Vorige Doppelseite: Ein männlicher Elefant frisst von einem Baum im Gorongosa Nationalpark in Mosambik. Obwohl die Elefantenpopulationen während des Bürgerkriegs im Land deutlich dezimiert wurden, haben sie sich dort inzwischen wieder erholt.

zum ersten Mal Milch trinkt. Es ist ihr drittes Kalb, also weiß sie genau, was zu tun ist. Währenddessen schart sich die Familie um sie, und alle strecken ihre Rüssel aus, um das jüngste Mitglied zärtlich zu berühren. Trompetenklänge ertönen in der Luft, was ein menschlicher Beobachter nur als Jubel verstehen kann.

In jeder Familie ist ein neues Familienmitglied ein Grund zur Freude. Auch wenn sich ein Savannenelefant dessen vielleicht nicht bewusst ist, hat die Geburt eine Bedeutung, die über die familiären Bande hinausgeht. Die Anzahl dieser Elefanten ist im vergangenen Jahrhundert dramatisch geschrumpft, was größtenteils auf Wilderei zurückzuführen ist – die illegale Tötung von Elefanten, um ihre Stoßzähne zu erbeuten. Das Problem herrscht überall in Afrika, wo Elefanten leben. Mehr als die Hälfte aller Afrikanischen Elefanten starb während der letzten drei Generationen, nur noch etwa 300 000 Savannenelefanten leben in freier Wildbahn.

Dank strikter nationaler und internationaler Maßnahmen ist die Elefantenwilderei auf dem Kontinent zum Glück vielerorts rückläufig. Dennoch stehen diese Wahrzeichen der Savanne weiterhin vor großen Herausforderungen. Die Wilderei besteht fort, und die Elefanten sind darüber hinaus mit Lebensraumverlusten, Konflikten mit Menschen und einer – aufgrund des Klimawandels – immer wärmeren und trockeneren Umgebung konfrontiert.

Afrikas Savannenelefanten gehören zu den am besten erforschten Lebewesen auf unserem Planeten. Die weitläufigen Flächen und großen Sichtweiten, die die Savanne zu einem so guten Zuhause für diese unermüdlich umherziehenden und stets hungrigen Tiere machen, bieten auch ein hervorragendes Forschungsumfeld. Man kann die Tiere auf ihren Wanderungen leicht aufspüren und mit

SAVANNENELEFANTEN IM ÜBERBLICK

Wissenschaftlicher Name: *Loxodonta africana*

Verbreitung: Subsahara-Afrika

Lebensraum: Offenes Grasland

Geschätzte Populationsgröße: 300 000 Elefanten

Merkmale: sozial, familienorientiert und kulturträchtig

Hilfe eines Fernglases sogar aus ein oder zwei Kilometern Entfernung beobachten. Vieles von dem, was wir über die afrikanischen Elefantenarten in der Savanne und auch in anderen Regionen wissen, verdanken wir jahrzehntelangen Studien zu diesen Tieren und ihren Familien.

Aus diesen Arbeiten wissen wir auch, dass Savannenelefanten ziemlich widerstandsfähig sind: Mit ihrer Intelligenz, ihren starken Sozialverbänden und ihrer Fähigkeit, mit sich ändernden Gegebenheiten umzugehen, sind diese bemerkenswerten Geschöpfe in der Lage, sich anzupassen, sobald sich die Savanne um sie herum verändert – allerdings nur, wenn die Menschen ihnen den Raum und den Respekt geben, die sie brauchen.

Der Stammbaum der Elefanten hat zwei Hauptstränge: Afrikanische Elefanten, die zur Gattung *Loxodonta* gehören, und Asiatische Elefanten der Gattung *Elephas*. Savannenelefanten sind eine von zwei Arten innerhalb der Gattung *Loxodonta*. Fragt man Menschen auf der ganzen Welt, welche Vorstellung sie von einem Elefanten haben, fällt ihnen oftmals Folgendes ein: enorm groß (bis zu vier Meter Schulterhöhe), mit langen Stoßzähnen, faltiger grauer Haut und großen Ohren in der Form ihres Heimatkontinents.

Um sie herum haben die Menschen endlose, mit hohen Gräsern bewachsene Flächen vor Augen, in denen einzelne Jackalberry-, Baobab- und Akazienbäume stehen. Das, was sie sich da vorstellen, ist die Savanne, das tropische Grasland, das einen Großteil des afrikanischen Kontinents bedeckt, im Norden an die Sahara grenzt und sich bis zur südlichen Spitze des Kontinents erstreckt. Dort ist es das ganze Jahr über warm, und in den verlässlichen jährlichen Regenperioden blühen die Pflanzen explosionsartig auf. Für Elefanten, die sich sowohl von Gräsern als auch vom Laub der Bäume ernähren können, ist die Savanne ein regelrechtes Buffet.

Schon kurz nach der Geburt des Babys brechen Eudora und ihre Familie zu einer Wanderung durch diese Landschaft auf. Erwachsene Afrikanische Elefanten brauchen täglich bis zu 135 Kilogramm Nahrung und 190 Liter Wasser. Das bedeutet, dass Familien wie die von Eudora permanent auf der Suche nach ihrer nächsten Mahlzeit sind.

Auf ihren Streifzügen wird Eudoras Familie immer zusammenbleiben. Die Familie ist das Fundament in der Welt eines weiblichen Elefanten. Sie gibt ihr Sicherheit, unterstützt sie bei der der Suche nach Nachrung und Wasser und spendet ihr Trost in schwierigen Zeiten. Elefantenkühe eines Familienverbands arbeiten zusammen, um neugeborene Kälber aufzuziehen, und dienen wechselseitig als »Ersatzmütter« für den Nachwuchs. Sie sind den Kälbern zusätzliche Vorbilder, an denen diese sich orientieren können, und bieten den schwächsten Familienmitgliedern wichtigen Schutz. Die Ersatzmütter können eingreifen, wenn die Kälber zu wild spielen oder sich gegenseitig ärgern. Und obwohl Raubtiere wie Löwen es normalerweise nicht auf große Erwachsene abgesehen haben, können die Kälber durchaus in ihre Fänge geraten. Fühlt sich eine Familie durch einen Geruch oder ein Geräusch verunsichert, bildet sie einen schützenden Kreis um ihren Nachwuchs und ist bereit, ihn gegen jedwede Bedrohung zu verteidigen.

Ein älteres Elefantenweibchen ist für ihre jüngeren Gefährtinnen wie eine wandelnde Bibliothek. Die wichtigste Wissensquelle in Eudoras Familie ist ihre Tante, die Matriarchin, die die Gruppe anführt. Sie ist eine majestätische alte Dame, die von den Wissenschaftlern, die sie und ihre Familie jahrzehntelang beobachtet haben, Echo genannt wird.

Als Eudora ihr drittes Kind zur Welt bringt, ist Echo bereits Ende 50. Sie verfügt über ein jahrzehntelanges Wissen über ihre Umwelt: Wo sie Nahrung, wo sie Wasser zum Trinken und Suhlen und wo sie kühlen Schlamm finden, den sie an heißen Tagen als Sonnenschutz einsetzen können.

Wissenschaftler haben nachgewiesen, dass das legendäre Elefantengedächtnis mehr als nur ein Sprichwort ist. Tatsächlich kann das Gedächtnis von Matriarchinnen wie Echo für eine Familie den Unterschied zwischen Leben und Tod bedeuten. Eine Studie zeigte beispielsweise, dass in Familien mit einer älteren Matriarchin – die wusste, wo alternative Futter- und Wasserquellen zu finden waren – während extremer Dürre weniger Tiere starben als in Gruppen mit jüngeren Leittieren.

Das gilt auch für diese Elefanten: Wenn es an der Zeit ist zu gehen, entscheidet Echo, wohin sie als Nächstes gehen. Nahrung und Wasser beeinflussen den Weg, und zugleich beeinflussen die Elefanten selbst die Savanne. Biologen nennen sie die »Ingenieure des Ökosystems«. Indem sie zum Beispiel kleine Bäume und Sträucher aus dem Boden reißen, tragen die Elefanten dazu bei, das weite Grasland der Savanne zu erhalten. Wenn Elefanten durstig werden, stechen sie mit ihren Stoßzähnen in trockene Flussbetten, um Wasser aufzutreiben. So schaffen sie Wasserlöcher, an denen sich auch andere Lebewesen – große und kleine – einfinden. Eine Studie aus dem Norden Tansanias ergab, dass Elefanten zu einer größeren Artenvielfalt in ihrer Umgebung beitragen: An Orten, an denen Elefanten Pflanzen ausrissen und zertrampelten, gab es mehr Frösche, Kröten und Glattechsen als in Gegenden ohne Elefanten.

Selbst der Kot eines Elefanten spielt eine wichtige Rolle. Elefanten haben ein ziemlich ineffizientes Verdauungssystem, das nur etwa 40 Prozent ihrer Nahrung zersetzt. Deshalb bleiben viele Samen auf ihrem Weg durch einen Elefantendarm unversehrt. Anschließend kommen sie eingeschlossen in einem reichhaltigen Kompost wieder heraus – die perfekte Grundlage für das Anwachsen neuer Pflanzen und die Verbreitung von Arten in der Savanne.

Es wird noch eine Weile dauern, bis Eudoras Baby so weit ist, dass es die groben Grasbüschel und hochragenden Äste, die den Rest der Familie ernähren, für sich entdecken kann. In den nächsten sechs Monaten wird es sich ausschließlich von Eudoras reichhaltiger Muttermilch ernähren. Mit etwa sechs bis acht Monaten folgt das Kalb dann dem Beispiel seiner älteren Familienmitglieder und nimmt auch feste Nahrung zu sich. Trotzdem kann es zwei Jahre oder länger dauern, bis die Mutter das Stillen ganz einstellt.

Wie jedes Baby ist das junge Kalb neugierig auf die Welt um sich herum. Während seine Familie weiterziehen möchte, beginnt das Kalb, am Boden zu kratzen, und entdeckt dabei den Nutzen seines einzigartigen Rüssels, der für einen Elefanten eine Kombination aus Nase und Hand darstellt. Der aus reinen Muskeln bestehende Rüssel eines Elefanten kann sich in fast jede Richtung biegen, hoch über den Kopf des Tieres reichen sowie Wasser aufsaugen und ausstoßen. (In Zeichentrickfilmen wird das in der Regel falsch dargestellt: Elefanten können nicht wie mit einem Strohhalm durch ihren Rüssel trinken, aber sie können ihn benutzen, um Wasser in ihr Maul zu befördern.)

Der Rüssel eines erwachsenen Tieres ist stark genug, um 320 Kilogramm schwere Felsen aufzuheben, und dank der beiden fingerähnlichen Fortsätze an seinem Ende ist er zugleich geschickt genug, um eine Blume zu pflücken. Darüber hinaus kann

Im Samburu National Reserve in Kenia findet diese Elefantenfamilie, die sie dort die »Royals« nennen, ein schattiges Plätzchen. Diese dominante Familie verfügt über das beste Habitat im Park und vermeidet Konflikte mit Menschen.

der Rüssel als hochempfindliche Nase den Geruch winziger Nahrungsstücke aus Hunderten Metern Entfernung wahrnehmen und die Gerüche Dutzender verschiedener Individuen unterscheiden. Wenn Biologen wissen wollen, auf was ein Elefant gerade achtet, schauen sie nicht auf seine Augen, sondern auf die Spitze seines Rüssels.

Eudoras neugeborenes Kalb muss all das noch lernen, aber seine Familie hat keine Zeit zu trödeln: Seine Mutter, seine Tanten und sogar sein älterer Bruder, der selbst noch ein Kalb ist, schubsen das Baby immer wieder behutsam vorwärts.

Ein weiblicher Savannenelefant bleibt in den fünf bis sechs Jahrzehnten seines langen Lebens stets bei seiner Familie. Die Elefantenbullen hingegen ziehen irgendwann ihrer eigenen Wege. Zwischen dem zehnten und vierzehnten Lebensjahr setzt die Pubertät ein, und die Männchen beginnen, sich zunächst für Tage, bald für Wochen von der Gruppe zu entfernen. Manchmal schließen sie sich einer anderen Familie mit mehr jungen Bullen an, um eine Zeit lang mit ihnen zu spielen, oder sie kehren als Teenager an die Seite ihrer Mütter zurück. Letztlich schlagen die Männchen aber immer ihren eigenen Weg ein.

Diese Wege sind jedoch nicht immer einsam. Lange Zeit hatten Elefantenbullen den Ruf, Einzelgänger zu sein, die nur nach anderen Männchen Ausschau halten, um ihre Dominanz über die Weibchen auszufechten. Diese Annahme beruhte größtenteils auf der Beobachtung von Bullen in der sogenannten Musth, einer jährlichen hormonellen

Hochphase, die die Männchen aggressiv und unberechenbar macht. Aktuellere Studien belegen jedoch, dass die Männchen auch außerhalb der Musth-Zeit ein soziales Leben führen. In Botswana etwa suchen junge Männchen, die gerade erst ihre Familie verlassen haben, ältere Bullen auf. Ihnen geht es nicht darum zu kämpfen, sondern zu lernen.

Diese Jungbullen folgen oft den ältesten Bullen, um zu lernen, welche Wege die besten sind, wie man Weibchen findet und sich mit ihnen paart und wie man miteinander umgeht. Diese Führungsrolle bringt den älteren Männchen eine Menge Respekt ein. Wenn sich in Namibia männliche Elefanten um ein künstlich angelegtes Wasserloch versammeln, um zu trinken, treten die jüngeren zuerst an den ranghöchsten Älteren heran und berühren mit ihren Rüsseln seinen Mund – ein Forscher verglich dieses Verhalten einmal mit dem Küssen des Rings eines Mafiabosses. Dieselben Jungbullen pflegen zudem langfristige Freundschaften und bleiben über viele Jahre hinweg in derselben Gruppe.

Die Unterschiede in der Lebensweise zwischen Männchen und Weibchen zeigen sich auch anderweitig. Bullen leben in der Regel kürzer als Elefantenkühe. Studien im Amboseli Nationalpark im Süden Kenias ergaben, dass die Sterblichkeitsrate bei Männchen wesentlich höher ist, obwohl theoretisch beide über 60 Jahre alt werden können. Während mehr als 80 Prozent der Weibchen das gebärfähige Alter erreichten, erlebten nur 39 Prozent der Männchen ihre erste Musth. Die Gründe dafür sind noch unklar. Vielleicht liegt es einfach daran, dass es schwierig ist, angesichts der zur Verfügung stehenden Ressourcen zu der enormen Größe eines Bullen heranzuwachsen. Womöglich liegt es auch am waghalsigen, konkurrenzbetonten Verhalten, das junge Männchen an den Tag legen. Oder es spricht für die Schutzfunktion, die ein Leben im Kreise der Familie für Elefantenkühe hat.

Wenn man das Glück hat, sich in der Nähe einer Gruppe von Savannenelefanten aufzuhalten, die sich unterhalten, dann wird man von Geräuschen eingehüllt. Leises Grollen hallt durch die Luft. Manche Klänge sind so leise wie ein tiefes Brummen, andere so laut, dass man ihre Vibrationen körperlich spürt. Dieses Kollern oder Rumpeln ist die häufigste Art der Elefantenkommunikation. Die Tiere haben so viele verschiedene Lautäußerungen, wie sie Bedürfnisse und Wünsche haben: Wegbeschreibungen oder die Suche nach einem Freund; Missbilligung, Unsicherheit oder Angst; Kälber, die um Milch bitten; Familienmitglieder, die sich freuen, sich nach langer Trennung wiederzusehen. Viele dieser Geräusche liegen im Infraschallbereich, das heißt, tiefer als für den Menschen hörbar. Auf diese Weise können sich Elefanten über außerordentlich weite Entfernungen verständigen, unter idealen Bedingungen bis zu zehn Kilometer weit.

Elefanten kombinieren das Kollern oft mit anderen Lauten, um eine zusätzliche Botschaft zu vermitteln. Ein Kalb kann ein Kollern mit einem klagenden Weinen mischen, wenn es nicht bekommt, was es will. Ein Bulle kann auf ein Rumpeln ein Brüllen folgen lassen, wenn es andere Männchen aus der Nähe einer potenziellen Partnerin vertreiben will. Im Rahmen einer Studie im Norden Kenias fanden Wissenschaftler heraus, dass die Sprache der Elefanten sogar so komplex ist, dass sie verschiedene Bedrohungssituationen mitteilen können: Sie haben etwa ein Kollern, um vor lästigen Bienen in der Nähe zu warnen, und ein anderes für das Herannahen von Menschenstimmen.

Obwohl das Trompeten das Geräusch ist, das man gemeinhin mit Elefanten in Verbindung bringt, handelt es sich laut Joyce Poole, einer Forscherin auf dem Gebiet der Elefantenkommunikation, dabei um »eine Art Ausrufezeichen«, das etwas besonders Aufregendes oder Emotionales ausdrücken soll. Elefanten nutzen Trompetenklänge zum Spielen, zum Verjagen und Verscheuchen anderer Tiere und um Freude oder Überraschung kundzutun.

Die Kommunikation unterscheidet sich bei Afrikanischen Elefanten auch zwischen Männchen und Weibchen. Poole sagt, dass erwachsene Männchen nicht so redselig sind wie Weibchen, die oft alle gleichzeitig sprechen, wenn sie sich begrüßen oder Kontakte knüpfen.

Trotz dieses außergewöhnlichen Sprachschatzes vermuten Biologen, dass Elefanten noch viel mehr Kommunikationsmöglichkeiten haben, als selbst die erfahrensten Beobachter nachvollziehen können. Im Jahr 2004 fanden Biologen heraus, dass Savannenelefanten seismisch kommunizieren können. Dies geschieht mit Hilfe ihrer hochsensiblen Fußsohlen, die sie zur besseren Wahrnehmung in den Boden drücken können. Dank ihrer Ballen können Elefanten die Rufe anderer Elefanten durch Vibrationen, die sich über den Boden kilometerweit ausbreiten, wahrnehmen und darauf reagieren. Wenn ein Elefant die Schritte eines anderen Elefanten in der Ferne bemerkt, kann er einschätzen, wie groß und wie weit entfernt das andere Tier ist. Wenn eine Matriarchin den Alarmruf einer entfernten anderen Elefantenfamilie wahrnimmt, kann sie schon damit beginnen, ihre Familie zu versammeln – für den Fall, dass die entfernte Gefahr näher kommt.

Den Geruchsinn der Elefanten, der ebenfalls großen Einfluss auf ihr Leben hat, beginnen wir gerade erst zu verstehen. Sicher nutzen Elefanten ihn, um Nahrung und Wasser zu finden, aber Gerüche scheinen auch eine wichtige Rolle bei sozialen Interaktionen zu spielen. Wenn ein Weibchen paarungsbereit ist, können das nicht nur die Männchen riechen, sondern auch ihre weiblichen Artgenossen, die dann vermehrt mit ihren Rüsseln das Hinterteil eines ovulierenden Weibchens berühren und beschnuppern. Ebenso scheinen alle Elefanten zu riechen, wenn sie einen weiten Bogen um ein Männchen machen sollten, das gerade in der Musth ist.

Elefanten nehmen vermutlich sogar den Unterschied zwischen verschiedenen Menschengruppen wahr. In einem Test reagierten Elefanten ängstlicher, wenn sie an der Kleidung von Angehörigen der Massai rochen, die Elefanten gejagt haben, als wenn sie an der Kleidung von Angehörigen der Kamba rochen, die nicht auf Elefantenjagd gehen.

Insofern ist es wenig überraschend, dass Wissenschaftler 2014 herausfanden, dass Elefanten die meisten Geruchsrezeptoren von allen lebenden Säugetieren haben. Da Elefanten nicht gerade das beste Sehvermögen im Tierreich haben, gehen Wissenschaftler davon aus, dass sie dies mit ihrem überragenden Geruchssinn kompensieren können. Möglicherweise ist er sogar die Quelle ihres berühmten Gedächtnisses. Eine bezeichnende Geschichte ist die von der Elefantendame Shirley, die in einem Elefantenrefugium lebte und zunächst misstrauisch reagierte, als sie einem Neuzugang namens Jenny vorgestellt wurde. Nach etwas Beschnuppern trompeteten die beiden jedoch aufgeregt, als würden sie eine alte Freundin wiedersehen. Eine Recherche ergab, dass sich ihre Wege zuletzt vor 23 Jahren als Zirkustiere gekreuzt hatten. Ein Elefant kann womöglich ein Gesicht vergessen, aber niemals einen Geruch.

Die langen, knochigen weißen Stoßzähne eines Elefanten sehen zwar nicht so aus wie die Zähne, die wir zum Beißen und Kauen benutzen, aber sie sind sehr wohl Zähne. Sie entwickelten sich als eine Art Mehrzweckwerkzeug: Elefanten benutzen ihre Stoßzähne, um die schmackhafte Rinde von Bäumen abzuschälen, um nach Wasser zu graben und um miteinander zu spielen und zu kämpfen. Gelegentlich werden die Stoßzähne auch zum Kratzen bei Juckreiz eingesetzt.

Dieselben Stoßzähne machen die Elefanten leider auch zu einer Zielscheibe. Elefantenstoßzähne bestehen hauptsächlich aus Dentin, dem gleichen harten Material, das auch in unseren Zähnen steckt. In Form eines Stoßzahns ist es als Elfenbein bekannt – und als solches vom Menschen seit Jahrtausenden verehrt und begehrt.

Bereits vor dreißigtausend Jahren schnitzten Künstler Bilder von Elefanten und Mammuts in Elfenbeinstücke von diesen Tieren. Die ältesten bekannten schriftlichen Aufzeichnungen über eine Elefantenjagd stammen aus dem alten Ägypten, man datiert sie auf das 25. Jahrhundert v. Chr. Das Verbreitungsgebiet der Afrikanischen Elefanten reichte damals im Norden bis zur Straße von Gibraltar. Der junge Pharao Tutanchamun wurde Ende des 14. Jahrhunderts v. Chr. auf einer kunstvollen Kopfstütze aus Elfenbein zu Grabe getragen, und im antiken Griechenland fertigten Bildhauer bis zu 18 Meter hohe Götterstatuen aus Elfenbein an. Seit Jahrhunderten ist Elfenbein ein beliebtes Material für Skulpturen und Schmuck und gilt in einigen wohlhabenden Bevölkerungsschichten als Statussymbol.

Als Elefanten im 18. und 19. Jahrhundert immer seltener wurden, war Elfenbein plötzlich mehr wert als Gold, was einige dazu veranlasste, verzweifelte und gewaltsame Maßnahmen zu ergreifen, um es zu beschaffen. Die illegale Elfenbeinjagd erreichte in den 1970er- und 1980er-Jahren ihren Höhepunkt, als Wilderer mit Sturmgewehren an einem einzigen Tag Dutzende von Elefanten erlegten und ihre Stoßzähne abtrennten. Schätzungen zufolge hatten Wilderer bis zum Jahr 1985 bis zu 90 Prozent der afrikanischen Elefantenpopulation getötet.

> BEOBACHTER SCHÄTZEN, DASS TROTZ INTERNATIONALER KONTROLLEN JÄHRLICH VIER PROZENT DER AFRIKANISCHEN ELEFANTEN NUR WEGEN IHRER STOSSZÄHNE GETÖTET WERDEN.

Ein weltweiter Aufschrei erzwang eine Veränderung. Im Jahr 1989 setzte das Washingtoner Artenschutzübereinkommen den Afrikanischen Elefanten auf die Liste der gefährdeten Arten und machte den Elfenbeinhandel zwischen den Mitgliedstaaten illegal. Trotzdem blieb die Nachfrage nach Elfenbein bestehen. Eine kontinentale Zählung, der sogenannte Great Elephant Census, ermittelte, dass allein zwischen 2007 und 2014 rund 144 000 Tiere starben – 30 Prozent der afrikanischen Elefantenpopulation.

Durch neue Maßnahmen, wie das von China 2016 erlassene Handelsverbot für Elfenbein, hat die illegale Jagd auf Elefanten abgenommen. Beobachter schätzen jedoch, dass noch immer jedes Jahr vier Prozent der Afrikanischen Elefanten nur wegen ihrer Stoßzähne getötet werden. Die Wilderei kommt häufiger an Orten mit hoher Armut und in Ländern mit korrupten Regierungsbehörden vor. Sie wird nur dann ein Ende finden, wenn die Regierungen

Maßnahmen zum Schutz der Wildtiere ergreifen und sich mit den Faktoren befassen, die Menschen dazu bringen, Wilderer zu werden.

In der Zwischenzeit halten sich die Afrikanischen Elefanten tapfer. Elefantenpopulationen wachsen nur langsam, denn die Weibchen können nur alle drei bis vier Jahre ein Kalb bekommen. Dennoch können sich die Bestandszahlen erholen, wenn die Tiere reichlich Nahrung und wenig Stress haben: Dank regelmäßiger Frühjahrsregenfälle hat sich die Zahl der Elefantenkühe und Kälber in der Population Tansanias, die in den 1980er- und 1990er-Jahren durch Wilderei stark dezimiert worden war, zwischen 1993 und 2005 fast verdoppelt.

Während sich der Bestand der Savannenelefanten erholt, beobachten Wissenschaftler, dass die Auswirkungen der Wilderei in den Genen der Tiere nachwirken. Von Natur aus wird ein Elefant gelegentlich ohne Stoßzähne geboren. Wenn Elefanten wegen ihres Elfenbeins getötet werden, wird dies zum Vorteil. In Mosambik wird heute ein Drittel der weiblichen Elefanten ohne Stoßzähne geboren, weil während des Wildereibooms im Land weibliche Tiere ohne Stoßzähne weit bessere Überlebenschancen hatten und sich häufiger fortpflanzten.

Im Jahr 2021 brachten Wissenschaftler dieses Merkmal mit einem Gen in Verbindung, das einerseits die Stoßzahnlosigkeit bei den weiblichen Tieren verursacht, andererseits dazu führt, dass männliche Babys tot geboren werden. Derzeit weiß man noch nicht, wie sich dieser Trend – eine vor unseren Augen stattfindende Evolution – auf die Erholung der Bestände insgesamt auswirken wird, da weniger Männchen geboren werden und zudem die Überlebensrate der Elefantenbullen ohnehin geringer ist.

Selbst wenn es gelingt, die Wilderei auszumerzen, stehen neue Herausforderungen bevor. Afrikanische Savannenelefanten können ihre immense Größe nur deshalb erreichen, weil die weiten Flächen der Savanne stets reichlich Nahrung geboten haben. Selbst in der Trockenzeit, wenn die Nahrung knapper wird, verlassen sich Elefanten auf ihr Gedächtnis und wandern an Orte, an denen es erfahrungsgemäß noch Nahrung zu finden gibt.

Aber die Erde wird wärmer, und die Savanne verändert sich. Der Klimawandel hat Auswirkungen auf die Niederschlagsmuster, auf die die Elefanten seit jeher vertrauen. Vielerorts sterben durch zu wenig Regen die Pflanzen ab, die die Elefanten fressen, Wasserlöcher trocknen aus, und es entstehen neue Wüsten. In den letzten zehn Jahren haben Forscher der Gruppe Save the Elephants beobachtet, dass sich das Verbreitungsgebiet der Elefanten im Norden Kenias nach Osten verschoben hat. Dies liegt wahrscheinlich daran, dass das dortige Grasland, das feuchter und sumpfiger ist, verlässlichere Nahrung bietet, während das westliche Grasland austrocknet.

Zu diesen Entwicklungen dürfte noch ein weiterer Umstand beitragen: die Zunahme an Konflikten mit den Menschen, die viele derselben schwindenden Ressourcen nutzen wollen. Nach Ansicht von Experten gehören diese Konflikte und der damit verbundene Lebensraumverlust gegenwärtig zu den größten Bedrohungen für die Savannenelefanten. Während der Mensch Grasland in Farmen und Städte umwandelt, steht den Elefanten zunehmend weniger Nahrung und Platz in den von Zäunen, Straßen und Eisenbahnlinien durchzogenen Landschaften zur Verfügung.

In der Folge wandern die Elefanten an ihnen unbekannte Orte, wo sie die Ernte der Bauern von den Feldern stehlen. Sie durchqueren Städte, die auf ihren einstigen Wanderrouten errichtet wurden,

Der Kilimandscharo in Tansania ragt hinter diesem alten Bullen auf, der von einem Kuhreiher begleitet wird, der den Elefantenrücken von Parasiten befreit.

und verletzen oder töten sogar Menschen, die sich ihnen in den Weg stellen. Die Menschen ihrerseits versuchen, ihre Farmen und Häuser zu verteidigen, indem sie auf Töpfe und Pfannen schlagen, um Lärm zu machen. Sie verbrennen Holzstapel und Elefantenmist und setzen Feuerwerkskörper, Pfeile, Schusswaffen und Elektrozäune ein, von denen Elefanten verletzt oder getötet werden können. Es entsteht ein Teufelskreis, denn ein verletzter Elefant kann wiederum ein tödlicher Elefant sein.

Durch bahnbrechende Initiativen könnte die Beziehung zwischen Menschen und Elefanten in der afrikanischen Savanne jedoch neu definiert werden. Im Süden Kenias etwa experimentiert die Forschungsfarm des Mara Elephant Project (MEP) mit Pflanzenarten wie Kräutern und ätherischen Ölen, die den Landwirten ein solides Einkommen verschaffen könnten, aber keine Elefanten anlocken würden. In Zusammenarbeit mit dem Kenya Wildlife Service verfolgt MEP die Elefanten mit Funkhalsbändern, um mehr über ihre Bewegungsmuster zu erfahren, und schickt Einsatzteams los, sobald sie Elefanten auf dem Weg zu Farmen entdecken. Die Erfahrung, unterwegs abgefangen zu werden, lehrt die Elefanten, in Farmen keine zuverlässigen Nahrungsquellen zu sehen.

Am Rande des kenianischen Tsavo Nationalparks hat Save the Elephants eine einzigartige Methode entwickelt, um Elefanten von Farmen fernzuhalten: Hier wurden Zäune aus Bienenstöcken gebaut. Elefanten haben eine natürliche Angst vor den afrikanischen Honigbienen, die sehr aggressiv sein können, wenn es um die Verteidigung ihrer Bienenstöcke geht. Die Organisation hat herausgefunden, dass das Aufstellen von Bienenstöcken im Abstand von 20 Metern 80 Prozent der Elefanten von den Farmen fernhalten kann. Dies rettet nicht nur das Leben der Elefanten und der Menschen, sondern sorgt auch für »elefantenfreundlichen« Honig, den die lokale Bevölkerung verkaufen kann. Das Projekt war so erfolgreich, dass Bienenstockzäune auf dem ganzen Kontinent aufgestellt werden. Auch in Asien laufen schon Tests.

Es gibt aber auch Pläne, die einen umfassenderen Ansatz verfolgen, wie die Erhaltung von Freiflächen im südlichen und östlichen Afrika als permanente Wildtierkorridore. Dieses ambitionierte Konzept würde es Elefanten und anderen Wandertierarten ermöglichen, sich zwischen Schutzgebieten frei zu bewegen und sich dabei vom Menschen fernzuhalten. Gelingt dies, könnten sich Elefanten an extreme Wetterbedingungen und veränderte Niederschlagsmengen anpassen, indem sie in andere Gebiete wandern, so wie sie es immer schon getan haben.

Die Forschung, aus der wir so viel über die Biologie der Savannenelefanten gelernt haben, hat es den Wissenschaftlern zudem ermöglicht, dieselben Individuen und Familien über Jahre hinweg zu beobachten. Viele Biologen, die mit Savannenelefanten arbeiten, lernen die Elefanten als Persönlichkeiten kennen und erleben mit ihnen Freuden und Sorgen sowie Herausforderungen.

Eudoras Familie ist da keine Ausnahme. Eudora ist ein Mitglied der sogenannten EB-Familie, die Joyce Poole und ihre Kollegin Cynthia Moss in Amboseli mehr als 30 Jahre lang studiert, gefilmt und kennengelernt haben. Die Matriarchin der Familie, Echo, war in mehreren Dokumentarfilmen zu sehen. Sie wurde bekannt für ihre bemerkenswerte Geduld mit ihrem ersten Kalb Ely, das gelähmt zur Welt kam. Sie leitete ihre Familie sicher durch Dürre und Hunger; unter ihrer Führung wuchs die Gruppe auf 40 Mitglieder an – das Doppelte der durchschnittlichen Größe eines Familienverbandes in Amboseli.

Im Jahr 2009, zur Zeit der schlimmsten Dürre in Kenia, starb Echo. Sie wurde 65 Jahre alt. Vermutlich war ihr Tod eine Folge des hohen Alters in Kombination mit den Strapazen der Dürre.

Die EB-Familie ist selbst in tragischen Situationen ein Symbol für die Widerstandsfähigkeit der Savannenelefanten und die sozialen Bindungen, die sie stärken. Nach ihrem Tod trauerte Echos Tochter Enid tagelang und weigerte sich, den Bereich um den Leichnam ihrer Mutter zu verlassen. Angesichts der anhaltenden Dürre trennte sich die EB-Familie für einige Zeit, und jede Tochter führte einen Teil der Familie an, um nach grüneren Landstrichen zu suchen. Doch als der Regen zurückkehrte, fand die EB-Familie wieder zueinander. Mit einem Selbstbewusstsein, wie es auch ihre Mutter hatte, nahm Enid allmählich die Rolle der Matriarchin ein. Seit 2011 wurden 14 Kälber in die Familie geboren. Während die Regenfälle kommen und gehen, während das Grün der Savanne in Intervallen auftaucht und wieder verschwindet, durchleben die Elefanten Dinge, die uns sehr vertraut sind: Geburt und Tod, Trauer und Freude, Veränderung, Angst und Phasen intensiven Lernens – alles typische Merkmale des Lebens eines hochgradig sozialen Tieres in einer komplexen, sich ständig verändernden Welt.

WEGBEREITER

Eine Elefantenfamilie stapft durch Sumpfwiesen im Amboseli-See in Kenia und hinterlässt verräterische Spuren. Der See ist die meiste Zeit trocken, doch intensive Regenzeiten sorgen für eine üppige Pflanzenwelt.

BADEZEIT

Ein Schlammbad hilft Elefanten, sich an heißen Tagen abzukühlen und ihre empfindliche Haut zu schützen. Diesem Männchen, das im kenianischen Samburu National Reserve eine Suhlstelle in Beschlag nimmt, scheint das Bad darüber hinaus einfach Spaß zu machen.

OBACHT

Ein kleines Kalb, das zwischen den Beinen seiner Mutter Schutz sucht, ist das jüngste Mitglied einer Familie am Ewaso Ng'iro. Dieser Fluss in Kenia bietet Abkühlung, wenn alle anderen Wasserquellen versiegen.

WACHTPOSTEN

Als die Winds-Familie, angeführt von der Matriarchin Mistral, einen Fluss in Samburu durchquert, hält das jüngere Weibchen Sydoest als Letzte Wache. Sie behält das Männchen im Auge, das vorsichtig das Ufer hinunterrutscht und der Gruppe – zu ihrem Missfallen – folgen möchte.

KOSTBARES LEBEN

Mit gerade einmal acht Monaten ist dieses weibliche Kalb in Kenia das Goldstück ihrer Familie: Ihre Mutter, die Tanten, Schwestern und Cousinen passen gemeinsam auf sie auf.

NEUES SPIELZEUG?

Ein Jungtier der Royals-Familie inspiziert eine ferngesteuerte Kamera am Boden.

RAUFEREI AM NACHMITTAG

Unter aufziehenden Gewitterwolken liefern sich zwei junge Bullen in Kenia ein spielerisches Duell mit ihren Stoßzähnen. Angesichts des jugendlichen Gerangels in der Nähe wacht eine weibliche Verwandte über ein Kalb.

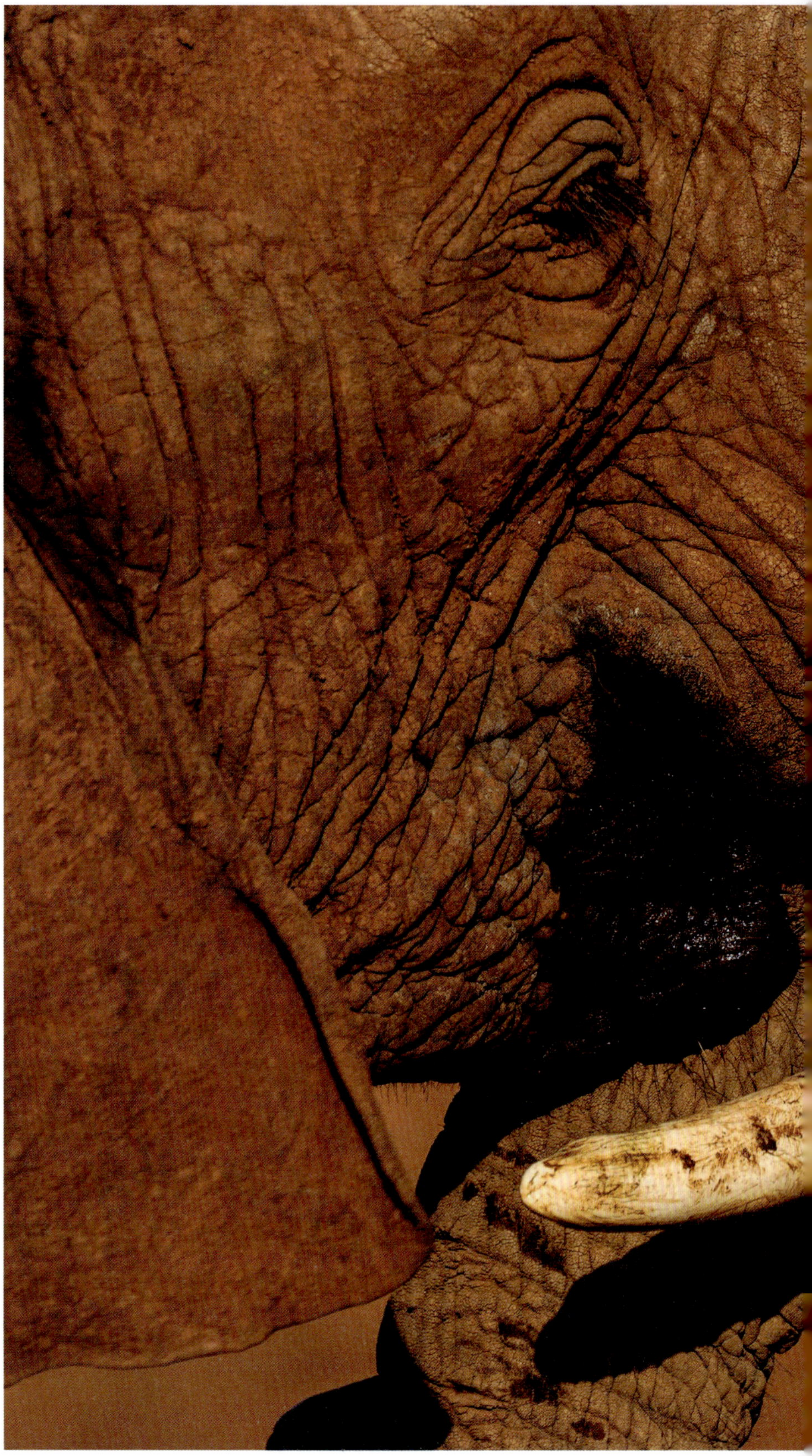

SPIELEN IST LERNEN

Spielerische Kämpfe helfen den jungen Männchen, Stärke und Selbstvertrauen aufzubauen und wesentliche Sozialkompetenzen zu entwickeln. Als Teenager verlassen sie die Sicherheit ihrer Familien, um für sich selbst zu sorgen. Sie werden dann womöglich mit ernsthafteren Kämpfen konfrontiert als diesen Raufereien.

24 STUNDEN AM WASSERLOCH

Mit Hilfe des Computers fügte der Fotograf Stephen Wilkes Aufnahmen eines Wasserlochs in der Savanne des Serengeti Nationalparks in Tansania, die im Laufe eines Tages entstanden, zu einem eindrucksvollen Gesamtbild zusammen.

ABENDROT IM DELTA

Ein Elefant durchschreitet die Gewässer des Okavango-Binnendeltas, einer UNESCO-Welterbestätte in Botswana. Jedes Jahr überflutet der Okavango diese abflusslose Region und sorgt dafür, dass es dort vor Geparden, Nashörnern, Löwen und mehr als 30 000 Elefanten nur so wimmelt.

PLITSCH-PLATSCH

Man mag es angesichts ihrer Größe und Gestalt nicht glauben, aber Elefanten sind graziöse und begabte Schwimmer. — Gegenüber: Eine Unterwasserkamera fängt einen Elefanten in Botswana ein, der sich über der Wasseroberfläche erhebt und möglicherweise ein Bad nehmen will. — Oben: Die achtjährige Kitimetse II. taucht in einem der tiefen Wasserlöcher des Okavango ab und benutzt dabei ihren Rüssel als Schnorchel.

UNFREIWILLIGE DUSCHE

Eine Elefantenfamilie im Samburu National Reserve, Kenia, wird von einem Regenschauer überrascht.

VERSTECKSPIEL

Welcher Elefant? – Ein junger Elefant versteckt sich hinter einem Busch im Marakele Nationalpark, Südafrika.

VERFOLGER

Für Löwen ist es zwar schwierig, einen ausgewachsenen Elefanten zu erlegen, doch für die Elefantenkälber sind sie eine akute Bedrohung. Auf diesem Bild sucht eine Gruppe von Elefanten in Botswana Schutz hinter umgestürzten Bäumen und versucht, die Raubtiere zu verscheuchen.

GANZ SCHÖN STAUBIG

Eine große Elefantenherde wirbelt die Asche eines Waldbrandes auf, der sich in diesem Feuchtgebiet im Sudan ausgebreitet hatte. Solche Brände werden oft von Menschen gelegt, die mehr Platz für ihr Vieh benötigen – dabei werden die Lebensräume der Elefanten zugleich ständig verkleinert.

BEWACHT

Nach jahrzehntelanger Wilderei in der Region bietet der Zakouma Nationalpark im Tschad den Elefanten dank bewaffneter Wachleute Schutz. Eine bewegungsgesteuerte Kamera fing diese Elefanten auf dem Weg zum Salamat-Fluss ein.

OFFENSIVE

Aufgeschreckt durch Schüsse, stürmt dieser badende Elefant im Zakouma Nationalpark auf die Fotografen und ihren Guide zu und erzeugt dabei Schlammblasen.

HOTSPOT

Auf dem Höhepunkt der Trockenzeit ist dieses Wasserloch im Zakouma Nationalpark eines der wenigen, die noch existieren. Bis zu 500 Elefanten können sich hier gleichzeitig einfinden, um sich, Schulter an Schulter, ein wenig abzukühlen.

FESTSITZEN

Vorbeikommende Hirten in Kenias Nannapa Conservancy alarmierten die Parkranger, als sie diesen Elefanten entdeckten, der im dicken Schlamm feststeckte. Mit Seilen, einem Traktor und sogar ihren eigenen Händen zogen Ranger und Tierärzte den erschöpften Elefanten heraus.

WAISENKINDER

Diese jungen Elefanten, die jetzt in der Reteti Elephant Sanctuary in Kenia leben, verbindet eine traurige Geschichte: Ihre Mütter wurden vermutlich von Wilderern getötet. Hier kümmern sich Mitarbeiter um die Elefantenwaisen, darunter Long'uro (links), der seinen Rüssel durch eine Hyäne verlor, als er in einem Brunnen stecken blieb.

ARTENFREUNDSCHAFT

Im Waisenhaus des Sheldrick Wildlife Trust in Kenia gehören Liebe und Freundschaft zum Erfolgsrezept der Aufzucht verwaister Elefanten. Die Organisation hat inzwischen rund 300 Elefanten gerettet und resozialisiert. 50 Babys ehemaliger Waisenkinder wurden bereits in freier Wildbahn geboren.

MASSGESCHNEIDERT

Shukuru kam im Alter von nur drei Tagen in die Sheldrick-Station. Sie wurde von einem Hirten gerettet, nachdem sie in einen Kanalisationsschacht gefallen war. Um das Elefantenbaby vor Kälte und einer Lungenentzündung zu schützen, schneiderten die Tierpfleger ihr einen eigenen Regenmantel.

IMMER SCHÖN SAUBER BLEIBEN

Schlammbäder sind für Elefanten ein unverzichtbarer Bestandteil der Körperpflege. Die Schlammspritzer befreien sie von Ungeziefer, und der getrocknete Schlamm schützt sie vor Sonnenbrand.

JOYCE POOLE

Die Biologin und National-Geographic-Forscherin Joyce Poole beherrscht eine besondere Fähigkeit: Sie versteht die Sprache der Elefanten wie niemand sonst. Sie kann ein ängstliches Trompeten von einem aufgeregten unterscheiden, sie erkennt das Rumpeln vor Freude, bei einer Begrüßung und für eine Richtung und kann sogar tieffrequente Töne wahrnehmen. Poole hat mehr als 40 Jahre damit verbracht, die Geheimnisse der Elefanten zu erforschen und sich für ihren Schutz einzusetzen.

Poole wuchs in Kenia auf. Begegnungen mit Elefanten kennt sie seit Kindestagen. Ein Vortrag der Primatenforscherin Jane Goodall inspirierte Poole dazu, selbst Wildtiere zu studieren. Mit 19 Jahren begann sie, Elefanten im Amboseli Nationalpark zu beobachten, und wies nach, dass männliche Afrikanische Elefanten eine jährliche Musth durchlaufen. Bis dahin kannten Biologen dies nur von Asiatischen Elefanten.

In den 1980er-Jahren stellte Poole fest, dass die Wilderei, bei der zuerst die Bullen mit großen Stoßzähnen und die Matriarchinnen getötet wurden, die Konstellation der Elefantenfamilien drastisch veränderte. Es entstanden Familiengruppen, die nur aus Waisen bestanden. Ohne die Erfahrung der Älteren konnten diese Gruppen wichtige Verhaltensweisen nicht erlernen und wanderten ziellos durch die Gegend. Diese Forschungsergebnisse trugen dazu bei, dass 1989 der Handel mit Elfenbein international verboten wurde.

2002 gründeten Poole und ihr Mann die gemeinnützige Organisation ElephantVoices, die sich auf den Schutz der Tiere und deren Kommunikation untereinander konzentriert. Sie entwickelten das African Elephant Ethogram, die umfangreichste Audio- und Videodatenbank zu den Verhaltensweisen von Afrikanischen Savannenelefanten.

Nach Ansicht von Poole gibt es noch viel mehr über diese Tiere zu lernen, vor allem über die Art und Weise, wie sie interagieren und kommunizieren. »Ich bin überzeugt, dass sie einander sehr komplexe Dinge mitteilen«, sagt sie. »Ich merke, dass sie uns sehr ähnlich sind, was ihre Emotionen und manche der Dinge angeht, die ihnen wichtig sind. Lieben sich Elefanten? Ja. Trauern sie, empfinden sie diese grundlegenden Emotionen, die wir auch erleben? Ich glaube schon.«

Gegenüber: Dieser Bulle im Masai Mara National Reserve, Kenia, hat vermutlich im Kampf einen Stoßzahn verloren. — Unten: Joyce Poole untersucht ein Elefantenskelett.

KAPITEL ZWEI

WALD ELEFANTEN

WALD

GEHEIMNISVOLLE GÄRTNER DES WALDES

In einer mondlosen Nacht, irgendwo an der Küste Gabuns, bahnt sich ein Ereignis an. Dort, wo der Regenwald in den Strand übergeht, kommen die ersten Elefanten aus den Bäumen. Sie sind jung und alt, männlich und weiblich. Einige sind kilometerweit gelaufen, um dorthin zu gelangen. Einige sind durch eine nahegelegene Lagune geschwommen. Niemand weiß warum, aber dieser bestimmte Sandstrand ist der Ort, an dem sich Gabuns Waldelefanten treffen.

Wenn sich Elefantengruppen einander nähern, begrüßen sie sich lautstark, verschlingen ihre Rüssel miteinander, berühren und beschnuppern sich gegenseitig am ganzen Körper. Viele, so vermuten Wissenschaftler, sind Verwandte, die sich seit ihrem letzten Zusammentreffen an diesem Ort nicht mehr gesehen haben.

Am Strand finden sich ein paar unverzichtbare Dinge, weshalb sich der Aufenthalt für sie lohnt. Was ist schon eine Party ohne Essen? Das am Strand wachsende, von der Gischt des Meeres benetzte Grün versorgt die Elefanten mit dringend benötigten Salzen, die anderswo im Wald nur schwer zu finden sind. Palmen, die nur in diesem Bereich des Übergangs zwischen Wald und Strand wachsen, bieten eine fasrige Frucht, die die Elefanten lieben. Die großen Männchen übernehmen die Aufgabe, die Palmen mit dem Kopf anzustoßen, damit die Früchte herunterfallen.

Gegenüber: Ein afrikanischer Waldelefant lugt durch das dichte Grün im Lopé Nationalpark in Gabun. Die gelben Pupillen haben sich möglicherweise aufgrund des schwachen Lichts im Regenwald entwickelt. — Vorige Doppelseite: Erfrischt plantscht ein erwachsener Elefant im Eshira-Fluss im Loango Nationalpark in Gabun – dem Land, in dem rund 80 Prozent der Waldelefanten Afrikas leben.

Eine weitere Besonderheit dieses Ortes ist die Iboga-Pflanze, deren Blätter die Elefanten mit großer Begeisterung fressen. Menschen, die in der Nähe leben, können aus der Iboga-Wurzel einen Tee mit halluzinogenen Eigenschaften zubereiten. Es gibt zwar Erzählungen von Elefanten, die nach dem Verzehr der Blätter getaumelt und rückwärts gelaufen seien, aber niemand kann mit Sicherheit sagen, ob die Blätter eine besondere Wirkung auf die Elefanten haben oder ob die Tiere lediglich den Geschmack mögen.

Mit Sicherheit bietet der Strand diesen Waldbewohnern noch etwas, das sie brauchen: die Gesellschaft anderer Elefanten. Das Leben im Wald ist isoliert. Die Nahrung ist begrenzt, daher leben die Elefanten in kleinen Gruppen, die für die Nahrungsbeschaffung permanent unterwegs sein müssen. Das dichte Unterholz des Waldes beeinträchtigt das gegenseitige Sehen und Hören über große Entfernungen.

Doch trotz dieser Herausforderungen sind Afrikanische Waldelefanten – biologisch eine andere Art als die in der Savanne oder in der Wüste lebenden – soziale Lebewesen. Offensichtlich sehnen sie sich nach der Gesellschaft anderer Elefanten und freuen sich, wenn sie wieder mit Familienmitgliedern vereint sind. Aus diesem Grund ist es für sie wichtig, der Isolation im Wald etwas entgegenzusetzen.

Eltern, Geschwister und andere Verwandte genießen ihre gemeinsame Nacht am Strand in geselliger Runde. Junge Elefanten, die zuvor nur wenige Gleichaltrige getroffen haben, spielen miteinander und lernen zu interagieren. Bei Tageslicht ziehen sich die Tiere ins Dickicht zurück, um sich auszuruhen, und kehren erst nach Sonnenuntergang an den Strand zurück, um sich wieder zu treffen. Nach ein paar Nächten geht man schließlich getrennter

WALDELEFANTEN IM ÜBERBLICK

Wissenschaftlicher Name: *Loxodonta cyclotis*

Verbreitung: Westafrika, im Kongobecken

Lebensraum: feuchter tropischer Wald

Geschätzte Populationsgröße: 130 000 Elefanten

Merkmale: scheue Früchtefresser mit kleinen Familien

Wege. Trotz aller Vorteile, die der Strand bietet, fühlen sich die Tiere, die an ein Leben im dichten Wald gewöhnt sind, in der offenen Landschaft nicht wohl.

Dieses Habitat macht es auch Wissenschaftlern, die mehr über die Waldelefanten herausfinden wollen, besonders schwer. Sie können die Tiere nicht so einfach tagelang beobachten wie in der weiten Savanne. Außerdem behindert das Dickicht des Dschungels, wenn man einem Waldelefanten folgen möchte – sei es auch nur über eine kurze Strecke. Erschwerend kommt hinzu, dass diese von Natur aus scheuen Elefanten dazu neigen zu fliehen, wenn Menschen ihnen zu nahekommen. Daher ist vieles über die Waldelefanten noch unbekannt, von ihrer Kommunikation über ihre Fortpflanzungsgewohnheiten bis hin zu ihrem Tagesablauf.

Dennoch haben Wissenschaftler etwas Außergewöhnliches über diese Tiere gelernt: Waldelefanten wurden nicht nur von ihrem Lebensraum geprägt – sie haben ihn auch maßgeblich mitgestaltet. Alles, was wir inzwischen über Waldelefanten wissen, deutet darauf hin, dass sie für die Erhaltung eines gesunden Waldes von entscheidender Bedeutung sind und somit dem gesamten Planeten einen großen Dienst erweisen.

Obwohl der Savannenelefant als der typische Afrikanische Elefant gilt, deuten DNA-Forschungen darauf hin, dass alle Elefanten ursprünglich Waldtiere waren, als ein großer Teil des afrikanischen Kontinents noch von Wäldern bedeckt war. Doch das Klima änderte sich, und die Wälder verwandelten sich teilweise in Graslanschaften. Nun dominierten die Savannen und veränderten die dort beheimateten Lebewesen völlig. Es entstand die Art der Savannenelefanten. Deren Vorfahre verblieb in den noch existierenden Wäldern Afrikas und entwickelte sich zum modernen Waldelefanten. Heute gibt es Waldelefanten fast nur noch im Kongobecken, in einem urtümlichen Regenwald, dessen Restbestände sich über Teile von Äquatorialguinea, Gabun, der Republik Kongo, der Demokratischen Republik Kongo, Kamerun und der Zentralafrikanischen Republik erstrecken.

Wissenschaftler hatten schon lange den Verdacht, dass es sich bei Savannen- und Waldelefanten um unterschiedliche Arten handeln könnte. Afrikanische Waldelefanten sind etwas kleiner als Savannenelefanten, haben kleinere Ohren und geradere Stoßzähne. Anfang der 2000er-Jahre bestätigten DNA-Analysen, dass die beiden Arten sich genetisch voneinander unterscheiden. Es dauerte weitere 20 Jahre, bis die Internationale Union zur Bewahrung der Natur (IUCN) sie offiziell als eigenständige Arten anerkannte.

Waldelefanten sind hervorragend an ihren grünen Lebensraum angepasst. Trotz ihrer Größe können sie sich fast lautlos bewegen und zwischen den Bäumen verschwinden, wenn sie etwas aufschreckt. Auffällig sind ihre oft hellgelben Augen. Die Wissenschaft ist sich allerdings nicht sicher, ob dies eine zufällige Mutation oder eine Folge der Anpassung an den schattigen Lebensraum ist, ähnlich wie die blauen Augen der Menschen aus Nordeuropa.

Die meisten Weibchen der Waldelefanten leben in Gruppen von nur zwei oder drei Tieren – für gewöhnlich eine Mutter und die von ihr abhängigen Kälber. Im Gegensatz zu Savannenelefanten müssen sich Waldelefanten nicht vor großen Raubtieren in Acht nehmen, sodass es für sie sicherer ist, in kleinen Gruppen zu leben. Das bedeutet auch, dass es bei Waldelefanten keine Matriarchinnen gibt.

Obwohl sie die meiste Zeit isoliert leben, haben Waldelefanten auch außerhalb ihrer Zusammenkünfte am Strand die Möglichkeit, mit ihren Artgenossen zu interagieren, indem sie Waldlichtungen ansteuern, die Bais genannt werden.

Diese Lichtungen bergen reichhaltige Vorkommen an Mineralien. Zwei- bis dreimal im Jahr graben die Elefanten dort essenzielle Mineralien wie Natrium, Kalium und Kalzium aus, um sie zu fressen, ebenso wie Lehm, der den Elefanten hilft, die benötigten Nährstoffe auch aufzunehmen. Dabei bietet sich ihnen eine weitere Gelegenheit, sich mit anderen zu treffen, und diese Begegnungen spielen eine entscheidende Rolle im Leben der Waldelefanten. Die Ausflüge der Familien scheinen einem festen Zeitplan zu folgen und finden jedes Jahr meist in denselben Monaten oder sogar Wochen statt.

Die Lichtungen bieten den Menschen die seltene Gelegenheit, Waldelefanten über eine längere Zeit zu beobachten. Das geschieht von Plattformen aus, um die scheuen Elefanten nicht zu stören. Auf diese Weise konnten Wissenschaftler inzwischen immerhin ein paar Strukturen ihres Sozialsystems entschlüsseln – ein System, das viel komplexer ist, als es ihre kleinen Familien vermuten lassen. Die älteren Elefanten, sowohl die männlichen als auch die weiblichen, dürfen in der Regel zuerst zu den Mineralvorkommen in den Bais vordringen. Doch selbst die mächtigen Leittiere haben ein weiches Herz. Alte Bullen zeigen sich bemerkenswert tolerant gegenüber jungen, noch unerfahrenen Bullen, die sich zu ihnen gesellen. Und die Weibchen überlassen manchmal einem kleineren Elefanten ihren Platz an der Mineraliengrube, wenn es sich dabei um einen Verwandten handelt, zum Beispiel um eine Schwester.

An den Bais können die Wissenschaftler auch die Kommunikation der Waldelefanten erforschen. Was sie herausgefunden haben, ist durchaus überraschend. Nach einer weit verbreiteten Theorie, der sogenannten sozialen Komplexitäts-Hypothese, haben Tiere mit komplexen Sozialstrukturen ähnlich ausgefeilte Kommunikationsmethoden. Der Mensch wird oft als das beste Beispiel angeführt. Doch Waldelefanten scheinen dieser Annahme zu widersprechen. Ihre Kommunikationssysteme sind offensichtlich viel komplexer, als man angesichts ihrer »einfachen« Sozialstruktur erwarten würde. Waldelefanten haben im Vergleich zu Savannenelefanten sogar ein breiteres Repertoire an Lauten, die für unterschiedliche Situationen charakteristisch sind: Manche Rumpelgeräusche verwenden sie nur auf Lichtungen, andere nur im Wald.

Um Waldelefanten zu belauschen, auch wenn man sie nicht sehen kann, setzen Wissenschaftler eine neue Technologie ein. Im Rahmen des Elephant Listening Project (ELP) der amerikanischen Cornell University werden seit mehr als zwei Jahrzehnten Waldelefanten im Kongobecken studiert. Die Forscher haben dabei festgestellt, dass leistungsstarke Tonaufnahmegeräte in robusten, wasserdichten Gehäusen die Rufe der Elefanten mit einer solchen Genauigkeit aufzeichnen können, dass man zwischen den einzelnen Tieren unterscheiden kann. Diese Daten können schließlich dazu verwendet werden, den Elefantenbestand möglichst genau abzuschätzen und etwa alle vier Monate eine neue Elefantenzählung vorzunehmen. Früher, als die Populationen visuell von einem tieffliegenden Flugzeug aus gezählt wurden, konnten die Waldbehörden die Populationen nur alle fünf Jahre oder seltener zählen.

Aber die im Kongo deponierten Aufnahmegeräte erfassen auch ein anderes Geräusch. Häufiger als erhofft zeichnen sie den Klang von Schüssen auf. Wilderer lauern noch immer in diesem urtümlichen Regenwald. Einer Schätzung zufolge ist der Bestand der Waldelefanten im Kongobecken zwischen 2002

Waldelefanten, wie dieser in Gabun, leiden unter dem Verlust ihres Lebensraums, den der Mensch für Häuser, Plantagen und Weideflächen abholzt.

und 2011 um 62 Prozent zurückgegangen, was größtenteils auf die Wilderei zurückzuführen ist. Die heutige Population der Waldelefanten entspricht nur einem Bruchteil ihres historischen Niveaus.

Einer Schätzung zufolge lebten in den zentralafrikanischen Wäldern, als sie ihre größte Ausdehnung hatten, mehr als eine Million Waldelefanten. Heute gibt es nur rund 100 000. Diese Zahl mag hoch klingen, aber Waldelefanten vermehren sich langsamer als Savannenelefanten. Außerdem werden sie später geschlechtsreif, und die Abstände zwischen den Geburten sind länger, sodass sie sich von einem Populationsverlust viel langsamer erholen.

Dank der passiven Überwachung kann das ELP kartieren, wo Wilderer am häufigsten jagen, und dann mit Hilfe von computergestützten Prognosemodellen abschätzen, wo die Wilderer als Nächstes zuschlagen könnten. Die Anti-Wilderei-Einheiten können anhand dieser Daten entscheiden, wo sie patrouillieren sollten, in der Hoffnung, den nächsten Elefantenmord zu verhindern, bevor er geschieht.

Die Waldelefanten sind darüber hinaus noch einer anderen schleichenden Gefährdung ausgesetzt: Ihr Lebensraum wird von Jahr zu Jahr kleiner. In dem Zeitraum, in dem 62 Prozent der Waldelefanten starben, verlor die Art 30 Prozent ihres Waldhabitats. Das Verschwinden ihrer Wälder hat dieselben Gründe wie das Sterben vieler der ältesten Wälder weltweit. Der Mensch holzt sie ab, um Ackerflächen oder Viehweiden anzulegen und neue Wohngebiete zu bauen.

In vielen Wäldern ist der kommerzielle Holzeinschlag erlaubt. Einige Länder in Zentralafrika kämpfen auch gegen die illegale Abholzung. Abgesehen davon, sagen Naturschützer, sei die Erhaltung der Wälder ganz einfach: Man müsse nur dafür sorgen,

Ein Elefant am Lékoli-Fluss, Republik Kongo: Der Mensch sieht die scheuen Tiere nur selten auf Lichtungen und an Waldrändern.

dass die Waldelefanten in der Region bleiben. Waldelefanten sind als »Gärtner« des Regenwaldes bekannt und prägen sowohl die Artenvielfalt als auch die physische Struktur des Waldes. In abgeholzten Gebieten Ugandas haben Forscher herausgefunden, dass die dort heimischen Elefanten stacheliges, invasives Unkraut zertrampeln und so Wege schaffen, die viele andere Tiere nutzen können. Durch die Anwesenheit von Elefanten gibt es mehr Nagetiere, die sich von ihrem Kot ernähren, sowie nützliche Insekten wie Fliegen, die in den Resten der Früchte, die die Elefanten aufbrechen, bestens gedeihen. Jede Art spielt eine Rolle für das allgemeine Gleichgewicht des Waldes.

Wenn Waldelefanten durch Teiche waten, die von Papyrus-Pflanzen durchzogen sind, schaffen ihre Füße Freiräume, durch die die Fische ziehen können. Elefantenpfade tragen sogar dazu bei, den Wald während der Trockenzeit zu schützen. Eine Studie ergab, dass ihre Pfade natürliche Brandschneisen schaffen, die verhindern, dass Waldbrände auf die Bäume übergreifen, wenn die Savanne in Brand gerät.

Ähnlich wie ihre Verwandten in der Savanne sind Waldelefanten fast immer am Fressen. Da es im Regenwald jedoch weniger Gräser und zarte Blätter gibt, haben sie sich auf das Fressen von Früchten spezialisiert, deren Samen sie durch ihren Kot verteilen. Bei einigen Bäumen wie dem *Balanites wilsoniana*, einem glänzenden, immergrünen Baum mit kleinen, harten Früchten, müssen die Samen sogar den Verdauungstrakt der Elefanten passieren, damit sie auskeimen können. In einer Studie wurde nachgewiesen, dass mehr als die Hälfte der Fruchtsamen keimte, wenn sie den Darm eines Elefanten passierten; ohne Elefanten keimten nur etwa drei Prozent.

Waldelefanten fördern also die Artenvielfalt, indem sie Samen transportieren und Arten jenseits ihres traditionellen Verbreitungsgebiets ansiedeln. Das gibt den Pflanzen bessere Chancen, Schädlingen oder Krankheiten zu entkommen.

Die vielleicht erstaunlichste Konsequenz der Anwesenheit von Waldelefanten ist jedoch nicht sichtbar. Eine der Lieblingsspeisen der Waldelefanten sind die zarten Schösslinge, die sich als Erste aus dem Unterholz schieben, wenn sich eine Öffnung im Blätterdach des Waldes auftut. Indem sie diese sogenannten frühen Sukzessionsbäume entfernen, begünstigen die Elefanten die Entwicklung großer, langsam wachsender später Sukzessionsbäume, die mehr Kohlendioxid speichern als die kleinen Bäume. Zusammenfassend lässt sich sagen, dass Waldgebiete, in denen Waldelefanten leben, den Klimawandel besser abfedern können. Durch den Schutz einer einzigen Art – dieser außergewöhnlichen Elefanten – könnten also Tausende andere Arten erhalten werden.

Zum Glück hat sich Anzahl und Größe der Schutzgebiete in Zentralafrika in den letzten zwei Jahrzehnten verdoppelt. Angesichts des Klimawandels und des Verlusts der biologischen Vielfalt wird den Menschen immer bewusster, wie wichtig es ist, die verbliebenen Wälder zu erhalten. Zudem gibt es in dieser Region eine wachsende Initiative zur Schaffung von Gemeindewäldern, wodurch die Bewirtschaftung geschützter Waldgebiete wieder in die Hände der indigenen Völker gelegt wird, die dort einst gelebt haben. Diese Gemeinschaftswälder geben den indigenen Völkern nicht nur das Recht, in ihren angestammten Gebieten zu leben und dort zu ernten – sie geben ihnen auch ihre Rolle als Verwalter und Beschützer der Wälder und ihrer zahlreichen Bewohner zurück.

Die Natur entwickelt derweil ihre eigene Strategie für das Überleben dieser Elefanten. In den letzten Jahren haben genetische Untersuchungen von Wald- und Savannenelefanten einen überraschenden Trend aufgezeigt: Die Anzahl der Hybriden, die aus der Paarung zwischen den beiden Arten stammen, nimmt stetig zu. Das Gebiet nördlich des Kibale Nationalparks, unweit der Grenze zwischen Uganda und der Demokratischen Republik Kongo, scheint eine wichtige »Hybridzone« zu sein. Abhängig von der untersuchten Gruppe waren zwischen 20 und 80 Prozent der untersuchten Elefanten Hybride. Auch in der Zentralafrikanischen Republik und im Dreiländereck zwischen Benin, Niger und Burkina Faso haben Wissenschaftler Hybride gefunden. Allerdings sind dies nicht die ersten Hybridtiere: Die Tests belegen, dass es mehr als eine Generation von Hybriden gibt, was bedeutet, dass sie sich fortpflanzen können. Experten schätzen das Risiko, dass diese Hybriden ihrerseits zum Aussterben der Waldelefanten führen könnten, derzeit als gering ein, da die Hybridisierung nur an wenigen Orten auftritt.

Dennoch sagt diese Entwicklung etwas über die Waldelefantenpopulation aus. Die Genetik der Hybriden zeigt, dass die Paarung zwischen den beiden Arten erst vor relativ kurzer Zeit begann. Einige Biologen vermuten, dass die beiden Gruppen erst durch menschliche Aktivitäten miteinander in Kontakt gekommen sind, da sowohl ihre Lebensräume als auch ihre Anzahl abgenommen hatten. Ob aus physischer oder genetischer Sicht, die Anforderung ist dieselbe: Wenn der Wald erhalten bleibt, wird der Waldelefant überleben – und im Gegenzug den Wald bewahren.

BESCHÜTZER DES WALDES

Ein Waldelefant, aufgeschreckt durch den Geruch eines sich nähernden Menschen, stürmt auf den Fotografen zu, um sein Revier in der Zentralafrikanischen Republik in der Region Dzanga Bai zu verteidigen – was so viel bedeutet wie »Dorf der Elefanten«.

RÜSSEL UM RÜSSEL

Zwei Jungbullen liefern sich ein Kräftemessen im Wasser einer überfluteten Bai, einer Waldlichtung.

BEGEGNUNGEN IN DER BAI

Gegenüber: Junge Männchen löschen ihren Durst im Modoubou-Fluss in der Zentralafrikanischen Republik. Lichtungen bieten diesen zumeist isoliert lebenden Elefanten die Gelegenheit, Kontakte zu knüpfen. — Oben: Ein Waldelefant stapft durch den Schlamm der Langoué Bai im Ivindo Nationalpark in Gabun und verscheucht einen Palmgeier.

WASSERATTACKE

Ein Waldelefant stürmt überraschend auf das Kanu des Fotografen im Odzala-Kokoua Nationalpark in der Republik Kongo zu. Waldelefanten sind ausgesprochen misstrauisch gegenüber Menschen.

WALDBAD

Ein Waldelefant badet im Lékoli-Fluss. Im Odzala-Kokoua Nationalpark der Republik Kongo, einem der ältesten Nationalparks des Kontinents, ist der Bestand der Elefanten vergleichsweise stabil.

NAHRUNGSSUCHE

Dieses junge Kalb, erfasst von einer bewegungsgesteuerten Kamera, folgt seiner Mutter auf der Suche nach Nahrung auf einem Pfad, der von Elefanten angelegt wurde, aber auch von vielen anderen Arten des Regenwaldes genutzt wird.

MITTERNACHTSSNACK

Eine Waldelefantenfamilie, aufgenommen von einer Infrarotkamera, nascht nachts von den Früchten der Detarium-Bäume, deren Samen nur auskeimen, wenn sie den Verdauungstrakt der Tiere passieren.

FÖRDERUNG DER ARTENVIELFALT

Die Elefanten gelten als die Gärtner des Waldes und tragen zur Artenvielfalt in ihrer Umgebung bei. Indem sie Samen verbreiten und Wege durch den Wald anlegen, fördern sie eine erstaunliche Vielfalt von Pflanzen, Insekten, Reptilien und Säugetieren.

VORFAHREN

In Gabun sucht ein Waldelefant die Knochen eines verstorbenen Elefanten auf. Man weiß nur wenig darüber, wie Waldelefanten auf den Tod reagieren. Ihre Verwandten in der Savanne jedoch streicheln oft die Knochen verstorbener Verwandter und tragen sie mit sich.

GRÜNE FELDER

In der Abenddämmerung zieht eine Elefantengruppe durch die Grassteppe, um in einem anderen Teil des Waldes nach Nahrung zu suchen. Ihre Pfade funktionieren während der Waldbrandzeit auch als schützende Feuerschneisen.

PARTY AM STRAND

In Gabun erreicht ein Waldelefant im Abendrot den Strand, um sich mit seinen Artgenossen zu treffen. Niemand weiß genau, warum sich diese Elefanten regelmäßig an der Küste versammeln. Es wird vermutet, dass sie dort eine bestimmte Pflanze namens Iboga fressen.

PATRICK ARIA OMEJA

Patrick Omeja, der in den fragmentierten Wäldern seiner Heimat Uganda arbeitet, lernte die Elefanten über Früchte kennen. Während seines Studiums der Ethnobotanik bemerkte er, dass der Marula-Baum, der große, widerstandsfähige Früchte trägt, in Teilen des Waldes ausstarb. Seit mehr als 20 Jahren gab es dort keine Elefanten mehr, nachdem Siedlungen die Wanderrouten der Tiere versperrt hatten. Die Elefanten waren aber die einzigen Tiere, die die Marula-Samen verbreiteten, und zwar über ihren Dung. Ohne Elefanten starben die verbliebenen Bäume ab und wuchsen nicht nach. Omejas Interesse war geweckt.

Als Postdoktorand an der Makerere University erhielt er ein Stipendium von National Geographic, um die Rolle der Elefanten bei der Renaturierung der Wälder im Kibale Nationalpark im Westen Ugandas zu analysieren. In den vergangenen acht Jahren haben seine Forschungen aufgezeigt, wie Elefanten den Wald pflegen – durch das Freilegen von Lichtungen und das Verbreiten von Samen oder durch die generelle Förderung der Artenvielfalt. Omeja kam zu dem Schluss, dass der Klimawandel oder Pflanzenkrankheiten ohne die Elefanten für den Wald noch verheerender wären.

»Man kann aber nicht einfach mit dem Bulldozer hinfahren und Wege für die Tierwelt freilegen oder Pflanzen 40 Kilometer von einem Ort zum anderen bringen«, erklärt er lachend. Vielmehr sei der beste Beitrag zum Schutz dieser Wälder denkbar einfach: »Man muss nur dafür sorgen, dass die Elefanten dort in Sicherheit sind, dann übernehmen sie diese Aufgabe, und das rund um die Uhr.«

Wenn er nicht unterwegs ist, lehrt Omeja als Professor, eine Aufgabe, die er für das Überleben der Elefanten und ihres Waldhabitats für unerlässlich hält. Die Elefanten im Kibale Nationalpark werden durch Siedlungsgebiete eingeengt, darunter auch Farmen, deren Besitzer die Waldelefanten als Plage wahrnehmen, da sie ihnen manchmal nachts etwas von der Ernte stehlen. Omeja sieht jedoch eine neue Chance in der nächsten Generation. »Sie werden feststellen: Mein Garten ist eigentlich der Wald. Und wenn wir keinen Wald haben, haben wir auch keine Arbeitsplätze«, erklärt er.

Gegenüber: Eine Waldelefantenkuh in der Zentralafrikanischen Republik stürmt mit ausgebreiteten Ohren auf den Fotografen zu. — Unten: Patrick Aria Omeja, Professor an der Makerere University in Uganda, erforscht die Rolle der Elefanten für den Schutz des Regenwaldes.

KAPITEL DREI

WÜSTEN ELEFANTEN

WÜSTE

LEBEN UND ÜBERLEBEN IN EXTREMER UMGEBUNG

Im Januar ist in der Namib-Wüste Regenzeit. Eine Elefantenfamilie sucht Wasser, knapp 160 Kilometer entfernt tobt ein Gewitter mit heftigen Regengüssen. Es ist zu weit weg, um es zu sehen oder zu riechen, und doch drehen die Elefanten um und gehen in diese Richtung.

In allen Teilen der Welt haben Elefanten eine sonderbare Verbindung zum Regen. Die Turkana- und Samburu-Völker in Kenia sagen, dass der Anblick eines Elefanten das Ende der Trockenzeit ankündigt und dass es bald regnen wird. In Indien gilt der Elefant als Überbringer des Monsuns und soll ein Bindeglied zu den Wolken sein.

Es mag also widersprüchlich erscheinen, dass es Elefanten gibt, die in der Wüste leben. Denn aufgrund ihrer riesigen Körper können Elefanten jeden Tag bis zu zehn Prozent ihres Wasserhaushalts verlieren, was zwei vollen Badewannen entspricht. Die Wissenschaftler, die dies berechnet haben, sprechen dabei vom größten Flüssigkeitsverlust in der Tierwelt. Zum Überleben müssen Elefanten daher jeden Tag Dutzende von Litern trinken. Aber in der Wüste ist Wasser nicht gerade reichlich vorhanden. Warum leben sie dann dort?

Die beiden kleinen Gruppen von Wüstenelefanten in Namibia und Mali, die zusammen nur etwa 500 Individuen umfassen, sind das Relikt einer ursprünglich viel größeren Population. Obwohl es nicht belegt ist,

Gegenüber: In Namibia pflückt ein junger Bulle sein Mittagessen von einem Baum im Flussbett des Hoanib, der nur wenige Tage im Jahr Hochwasser hat. — Vorige Doppelseite: Ein Kalb läuft neben seiner Mutter an der Ostgrenze der Namib. Das Leben in der Wüste ist hart, nur wenige junge Elefanten erreichen dort das Erwachsenenalter.

vermuten Wissenschaftler, dass diese beiden Gruppen die Wüste einst im Rahmen eines viel umfassenderen Migrationsmusters durchstreiften. Sie lebten demnach in der Wüste vor allem während der Regenzeit, wenn Trockenflüsse Wasser führen, nach Fluten üppige Grasflächen sprießen und Anabäume mit ihren gefiederten Blättern nahrhafte Fruchtschoten tragen. In den Trockenmonaten wanderten die Elefanten wohl ursprünglich in die Grenzgebiete der Savanne, wo die saisonalen Flüsse der Wüste entspringen und Nahrung das ganze Jahr über verfügbar ist. Im vergangenen Jahrhundert drang jedoch der Mensch in die Übergangszone ein und brachte Straßen, Zäune, Hunde, Vieh und Gewehre mit. Der Theorie zufolge beschränkten die Wüstenelefanten ihre Wanderungen nun auf Regionen innerhalb der Wüste, da ihre traditionellen Migrationsrouten gefährlich oder schlichtweg unpassierbar wurden.

Diese räumliche Begrenzung hat zu einer außergewöhnlichen Anpassungsleistung geführt. Der Wüstenelefant ist ein Ökotyp, das heißt eine Untergruppe des Afrikanischen Elefanten, die sich an ganz spezielle Umweltbedingungen angepasst hat. Dies ist dem Wissen ihrer Vorfahren zu verdanken, die herausgefunden haben, wo selbst in den kärgsten Monaten Nahrung und Wasser zu finden sind und mit welchen Fähigkeiten sie sich diese erschließen können. Die Intelligenz und die soziale Verbundenheit der Wüstenelefanten haben dazu geführt, dass diese Informationen von Generation zu Generation weitergegeben wurden und ihnen, den besonders wasserhungrigen Säugetieren, das Überleben in einer der unwirtlichsten Regionen der Erde ermöglichten.

Sophia ist die Matriarchin einer Wüstenelefantenfamilie, und sie ist, wie ein Forscher es einmal ausdrückte, eine »knallharte Chefin«. Ihre Familie

WÜSTENELEFANTEN IM ÜBERBLICK

Wissenschaftlicher Name: *Loxodonta africana*

Verbreitung: Wüsten in Namibia und Mali

Lebensraum: trockene, sandige Ebenen, die durch saisonale Regenfälle belebt werden

Geschätzte Populationsgröße: 500 Elefanten

Merkmale: Langstreckenwanderer mit umfangreichem, uraltem Wissen ihrer Vorfahren lebt in den nördlichen Ausläufern der Namib, einem schmalen, 1600 Kilometer langen und 160 Kilometer breiten Streifen aus trockenen, steinigen Ebenen und weitläufigen Sanddünen, eingebettet zwischen dem trockenen Tiefland im Osten und dem kalten Südatlantik im Westen.

Die Namib ist 50 bis 80 Millionen Jahre alt und gilt damit als die älteste Wüste der Erde. In manchen Gebieten fallen jährlich weniger als fünf Millimeter Regen. In einer solchen Umgebung ist es Sophias Aufgabe, ihre Familie und ihren Erfahrungsschatz am Leben zu erhalten. Dafür muss sie schwierige und manchmal herzzerreißende Entscheidungen treffen – wie damals, als sie beschloss, ihre Enkelin an sich zu nehmen.

Ihr Entschluss kam, nachdem sie selbst und ihre Tochter, genannt Kinky Tail, etwa zur selben Zeit Kälber zur Welt gebracht hatten. Aus ungeklärten Gründen starb Sophias Kalb. Daraufhin mobbte Sophia ihre eigene Tochter mithilfe einiger ihrer Cousinen und Schwestern, führte das Kalb von seiner Mutter weg und ermutigte es, stattdessen bei ihr zu säugen. In Sophias Obhut überlebte das Kalb und wuchs zu einem starken Mitglied der Familie heran. Obwohl es scheinbar weiß, wer seine biologische Mutter ist, wird seine Verbundenheit mit Sophia immer stärker sein.

Was treibt einen Elefanten dazu, einer Mutter ihr Kalb zu entziehen? Egoismus, ein Hormonschub oder der Glaube, dass die eigene Erfahrung dem Kalb eine bessere Überlebenschance bietet? Niemand kennt die wahren Gründe, doch Forscher sind sich einig, dass die Entscheidung eines Elefanten in der rauen Wüste oft den Unterschied zwischen Leben und Tod bedeuten kann. Und Sophias Entscheidungen scheinen weitgehend erfolgreich zu sein: Obwohl an die Wüste angepasste weibliche Elefanten in der Regel in kleineren Gruppen von drei bis vier Tieren leben, sind es in Sophias Familie ganze neun.

Selbst in diesen Dreier- oder Vierergruppen sind die sozialen Bindungen der Wüstenelefanten genauso stark wie die der Savannenelefanten, deren durchschnittliche Familiengröße viermal so groß ist. Dieser Zusammenhalt verschafft ihnen wohl ihr wichtigstes Rüstzeug: das seit Generationen überlieferte Wissen darüber, wo zuverlässig Nahrung zu finden ist, wo man seinen Stoßzahn in den Sand stecken kann, um an Wasser zu kommen, wo Flüsse fließen und wo nach dem Regen Gras wächst. Im Norden Namibias haben Elefanten gelernt, steile, felsige Berge hinaufzusteigen, um duftende Myrrhensträucher zu erreichen – eine derart beliebte Elefantendelikatesse, dass die Tiere ganze Pflanzen ausgraben und fressen. Seit Generationen wandern sie auf demselben Weg diese Hänge hinauf, deren Kalksteinwände von Elefantenfüßen glatt poliert wurden.

In der Wüste ist Wasser das Grundbedürfnis, weshalb sowohl Malis als auch Namibias Populationen ein feines Gespür für Regen haben. So wie die Elefanten die fernen Vibrationen eines Alarmrufs oder kommender Schritte wahrnehmen können, sind sie offenbar auch imstande, das Donnergrollen oder das Trommeln des Regens eines fernen Gewitters wahrzunehmen. Wissenschaftler konnten nachweisen, dass selbst bei fast 160 Kilometer entfernten Gewittern weit voneinander entfernte Elefantengruppen alle zur selben Zeit auf das Unwetter reagierten.

Zu einem Leben in der Wüste gehört auch das Aushalten von extrem heißem Wetter. In der Sahara können Malis Elefanten Temperaturen von bis zu 50 °C im Schatten ausgesetzt sein – gäbe es denn irgendwo Schatten. Wüstenelefanten legen weite Strecken häufig nachts zurück, um die heißesten Stunden des Tages zu meiden. In solchen Extremsituationen machen diese Tiere Gebrauch von einem einzigartigen Merkmal: Der sogenannte Rachenbeutel, ein Reservoir in ihrer Kehle, kann bis zu zwei Liter Wasser speichern. Dieses Wasser ist für die Tiere zwar nicht sauber genug, um es zu trinken, aber es ist perfekt dafür geeignet, die Ohren zu bespritzen. In denen verlaufen viele Adern, die das durch das Wasser abgekühlte Blut durch den Körper leiten.

Grundsätzlich sind Wüstenelefanten nicht wählerisch darin, wie sie die Temperatur überstehen. Sie verteilen auch gerne Urin oder Dung über sich, um sich durch Feuchtigkeit Abkühlung zu verschaffen.

Zu dem lebenswichtigen Wissen, das die Wüstenelefanten von Generation zu Generation weitergeben, gehört auch, welche Wege sie gehen müssen, um den Menschen fernzubleiben. Diese Routen können zum Teil enorme Distanzen mit sich bringen. Jedes Jahr legen die Wüstenelefanten Malis eine 480 Kilometer lange Strecke durch einen Teil der südlichen Sahara zurück – die längste jährliche Migrationsstrecke unter Elefanten. In der Namib konnten die Forscher Laura Brown und Rob Ramey beobachten, wie ein neugeborener Elefant bereits in den ersten Stunden seines Lebens 24 Kilometer zurücklegte; ein erwachsener Bulle legte im Lauf von zehn Monaten mehr als 595 Kilometer zurück.

Gegen Ende der 1990er-Jahre wurde ein Bulle namens Voortrekker – niederländisch für »Pionier« – durch eine außergewöhnliche Wanderung berühmt. Voortrekker und einige andere Elefanten hatten in der nördlichen Namib Zuflucht gesucht, als in seiner Heimat im Süden massiv gewildert wurde. Jahre später beschloss der Bulle, nach Hause zurückzukehren. Er zog immer weiter nach Süden, durchquerte weite, einsame Ebenen und trockene Flussbetten und marschierte durch den hartnäckigen Küstennebel, der hier oft zu Schiffsunglücken führt. Die Schiffswracks und die Gebeine von Tieren, die an dieser rauen Küste umgekommen sind, haben ihr den Spitznamen »Skelettküste« beschert.

Begünstigt wurde Voortrekkers lange Reise dadurch, dass Elefanten nur etwa zwei Stunden pro Tag schlafen und nur wenige Male in der Woche in Tiefschlaf verfallen – das ist die geringste Schlafdauer aller Landsäugetiere. Elefanten können sogar bis zu zwei Tage lang ohne Pause unterwegs sein.

Schließlich fand Voortrekker zurück nach Hause zum Ugab-Fluss, der nur wenige Tage im Jahr fließt, dann aber Sumpfgebiete überflutet und eine üppige Vegetation hervorbringt. Im darauffolgenden Jahr führte er eine Gruppe, die als Mama-Afrika-Herde bekannt ist, auf die gleiche spektakuläre Reise. Mittlerweile haben sich wieder fünf Wüstenelefantenfamilien in der Ugab-Region angesiedelt.

Wie orientieren sich die Elefanten in dieser unendlichen Weite? Eine Theorie ist, dass ihr feines Gehör sie leitet: Die namibische Population der Wüstenelefanten ist womöglich in der Lage, das Hunderte von Kilometer entfernte Rauschen der Wellen an der Atlantikküste zu hören und sich daran zu orientieren.

Malis Wüstenelefanten leben jedoch ausschließlich im tiefsten Binnenland, müssen also eine andere Möglichkeit haben, sich zurechtzufinden. Jüngste Forschungsergebnisse deuten darauf hin, dass Elefanten eine Kombination verschiedener Strategien zur Orientierung nutzen können. Sie prägen sich nicht nur vertraute Routen ein, sondern erstellen auch mentale Landkarten, die ihnen bekannte Orte enthalten. Dadurch sind sie in der Lage, Entfernung und Richtung zu einem bekannten Ort auch dann abzuschätzen, wenn sie unbekannte Routen zurücklegen.

Dieses Wissen wird über Generationen hinweg weitergegeben. Eine Studie aus dem Jahr 2016 belegt, dass sich Wüstenelefanten genetisch kaum von den Elefanten in der nahegelegenen Savanne unterscheiden, was darauf hindeutet, dass diese Fähigkeiten nicht vererbt werden: Sie werden gelehrt und gelernt. Diese Erkenntnis bestätigt die Bedeutung alter Matriarchinnen und Bullen für das Überleben der an die Wüste angepassten Elefanten. Ohne sie würden sich die Kälber vielleicht nie zurechtfinden.

Allerdings ist der Fortbestand dieses Wissens von einer blutigen Entwicklung bedroht. Sowohl in der Namib als auch in der südlichen Sahara sind Wilderer in die Wüste vorgedrungen, um Elefanten für ihr Elfenbein zu töten und damit ihre regionalen Konflikte zu finanzieren.

In Namibia konnte der Bestandsrückgang nach jahrzehntelanger Wilderei zu Beginn des 21. Jahrhunderts gestoppt werden. Damals wurden lokale Schutzprojekte, die durch den Tourismus Geld in die Region brachten, ins Leben gerufen, wodurch die Namib-Elefanten lebendig wertvoller wurden als tot. Mitte der Nullerjahre jedoch brachte die Regierung Namibias eine andere Form des Tourismus in die Region und gab die Elefantenpopulation für die lukrative Trophäenjagd frei – eine Entwicklung, die den Anstieg der Population wieder zunichtemachte.

Diese anhaltende Dezimierung hat zu einer grundlegenden Veränderung in der Populationsstruktur der Elefanten geführt. In der Namib gibt es keine der unter Savannenelefanten für den Lernprozess so wichtigen kleinen Herden männlicher Jungbullen. In der Wüste sind die Bullen weitgehend Einzelgänger, was vermutlich eine Folge des geringen Nahrungsangebots ist. Auch deshalb erreichen viele junge Männchen nicht das Erwachsenenalter. Sie erlernen nie die zum Überleben notwendigen Fähigkeiten, und ihre Neugierde führt oft zu Konflikten mit Menschen. Da es in der Namib nur wenige erwachsene Bullen gibt, ist auch die Geburtenrate von Kälbern äußerst gering. Gleichzeitig ist die Kälbersterblichkeit hoch. In einigen Familien gibt es seit Jahren keinen Nachwuchs mehr.

Das Jahr 2021 brachte schließlich abermals Hoffnung für die Wüstenelefanten Namibias. Der neue nationale Elefantenmanagementplan verbietet die Trophäenjagd auf die immer seltener werdenden Wüstenelefanten (während die Trophäenjagd in anderen Landesteilen weitergeht). Gleichzeitig setzen sich Initiativen wie das PEACE-Projekt (People and Elephants Amicably Co-Existing) von Elephant-Human Relations Aid (EHRA) dafür ein, Konflikte zwischen Menschen und Elefanten zu minimieren. In den Workshops des PEACE-Projekts werden neben Grundkenntnissen zur Biologie der Elefanten auch Tipps gelehrt, wie man das Verhalten der Elefanten deuten und sich bei einer Begegnung mit ihnen schützen kann. Das Ziel ist es, Koexistenz statt Gewalt zu ermöglichen und dafür zu sorgen, dass mehr Elefantenbullen überleben und mehr Kälber geboren werden.

Die Elefantenpopulation von Mali teilt eine ähnliche blutige Geschichte wie jene in Namibia. Infolge des politischen Umbruchs und des Kriegs, der 2012 begann, zogen Kämpfer in die Wüste, wilderten Elefanten und verkauften ihr Elfenbein, um den Krieg zu finanzieren. Innerhalb weniger Jahre wurde fast ein Drittel der nur 500 Elefanten umfassenden Population getötet.

Seit 2015 hat die Arbeit des Mali Elephant Project, einer gemeinsamen Initiative von gemeinnützigen Organisationen und Universitätsforschern,

Dieser Wüstenelefant nimmt ein hautpflegendes Staubbad und zeigt dabei seine außergewöhnlichen Füße, mit denen er Vibrationen in bis zu 160 Kilometern Entfernung wahrnehmen kann.

die Wilderei allerdings weitgehend zum Erliegen gebracht. Der Erfolg liegt in der Zusammenarbeit mit den lokalen Gemeinden einschließlich der Unterstützung durch lokale Fährtenleser, um Wilderer aufzuspüren, dem Einsatz einer speziellen Anti-Wilderer-Einheit unter Einbeziehung des Militärs und eines gemeindenahen Konzepts. Ihre Aktivitäten zur Bekämpfung der Wilderei erfolgen im Einklang mit den Naturschutzmaßnahmen der Gemeinden. Die Beziehungen zwischen Elefanten und Maliern sind seit jeher friedlich, und Tuareg-Hirten führen mitunter ihre Rinder, Ziegen, Schafe, Esel und Kamele zu denselben Feldern und Wasserquellen, die auch die Elefanten nutzen. Der Lebensraum der Elefanten wird jedoch durch die wachsende menschliche Bevölkerung bedroht, insbesondere durch kommerzielle Interessen aus größeren Städten, deren Bevölkerung nach neuen Gebieten sucht, in denen sie Feuerholz gewinnen, Nahrung finden, Wild jagen und Vieh weiden lassen können.

Um die Elefanten zu schützen und gleichzeitig die lokalen Ökosysteme zu erhalten, hilft das Mali Elephant Project den Gemeinden auf der Migrationsroute der Elefanten, Komitees zu bilden, die Regeln für eine nachhaltigere Nutzung des Landes und seiner Ressourcen erarbeiten. Das Projekt schafft auch neue Arbeitsplätze für Umweltschutzbeauftragte, die diese Regeln durchsetzen und sicherstellen sollen, dass die Einheimischen vom Schutz der Elefanten profitieren. Außerdem werden Treffen mit Landwirten organisiert, um sie über das Verhalten der Elefanten aufzuklären und Konflikte zu verhindern.

Zwar ist die Population von Malis Wüstenelefanten auf etwa 350 Tiere geschrumpft, sie scheint sich aber aktuell wieder zu erholen. Stabile Familiengruppen, die oft von mehreren Kälbern begleitet werden, ziehen jedes Jahr entlang ihrer außergewöhnlichen Migrationsroute. Forscher vermuten, dass die Wüstenelefanten in Mali sich – wenn sie nicht gewildert werden – so schnell vermehren können wie die Savannenelefanten.

Obwohl die Wüste rau ist und häufig zur Isolation führt, entstehen unter den Elefanten auch soziale Bande. Eine der eindrucksvollsten Beobachtungen, die Laura Brown und Rob Ramey gemacht haben, ist die ungewöhnliche Beziehung zwischen Yabo, einem Elefantenbullen im Teenageralter, und seiner jüngeren Schwester Leah, die mit ihm zusammen im Alter von zwei Jahren loszog.

Wie in der Savanne verbringen die männlichen Wüstenelefanten nur noch wenig Zeit mit ihrer Familie, sobald sie erwachsen genug sind. Brown und Ramey haben sogar festgestellt, dass einige Elefantenweibchen die Männchen aus der Gruppe zu verdrängen scheinen, sobald sie ein bestimmtes Alter erreicht haben – möglicherweise als Folge der begrenzten Ressourcen, die sie miteinander teilen müssen, oder auch zur Vermeidung von Inzucht, wenn ein Bulle die Geschlechtsreife erreicht.

Im Jahr 2015 bemerkten Brown und Ramey jedoch ein Kalb, das Yabo, einem 17-jährigen Bullen, quer durch die Namib folgte. Das Kalb war gerade so alt, dass es nicht mehr gestillt werden musste. Seine Mutter, die Matriarchin der Herde, war gerade von Wilderern getötet worden. Zunächst gingen die Forscher davon aus, dass das Kalb ein junges Männchen sei. Yabo war seiner Mutter nach der Geburt des Kalbes auffällig nahe und übernahm zeitweise sogar die Babysitterrolle. Es lag also nahe, dass es ein junger Bulle sei, der von seinem älteren Bruder lernen wollte. Eine DNA-Analyse des Kots vom Kalb ergab jedoch, dass es ein Weibchen war. Sie nannten sie Leah.

Leah und Yabo wurden zu einem unzertrennlichen Gespann und legten gemeinsam Wanderungen von mehr als 64 Kilometern zurück. Leah lernte von ihrem großen Bruder einige der Fähigkeiten, die sie normalerweise von ihrer Mutter gelernt hätte, wie das Ernten von weißen Akazienschoten mit der Spitze ihres winzigen Rüssels oder das Suhlen in Pfützen, wenn es unerträglich heiß wurde. Erstmals wurde eine solche Beziehung zwischen einem jungen Weibchen und einem Bullen dokumentiert.

Trotz der Unterstützung durch ihren Bruder nahm Leah nicht die nötige Nährstoffmenge auf. Sie sah viel jünger aus, als sie war. Während einer Regenzeit, als Leah und Yabo etwa zwei Jahre lang gemeinsam unterwegs waren, verschwand Leah. Keiner der ortsansässigen Guides fand eine Leiche. Ihr Schicksal ist ungeklärt. Sie könnte den manchmal tosenden Fluten der Wüste zum Opfer gefallen sein, die einen kleineren Elefanten leicht mitreißen können. Vielleicht verließ sie aber auch ihren Bruder, um sich anderen Weibchen anzuschließen, die ihr die nötige Unterstützung bieten konnten.

Yabo hingegen kann heute noch beobachtet werden. Er folgt den Regenfällen und streift durch die nördlichen Überschwemmungsgebiete der Skelettküste. Er ist stets alleine unterwegs.

Diese Geschwistergeschichte versinnbildlicht gewissermaßen die Ambivalenz der Wüste. Sie kann rau und unbarmherzig sein – und ebenso in unerwarteter Schönheit erblühen. Im Leben dieser einzigartigen Elefanten, die sich die Wüste zu eigen gemacht haben, gehen Widrigkeiten und Leid mit Liebe, Lernen und Einfallsreichtum Hand in Hand.

TROCKENZEIT

Die Wüste mag zunächst wie ein ungeeigneter Ort für so große und durstige Tiere wie Elefanten erscheinen. In trockenen Zeiten verlassen sie sich auf ihre Leittiere, die aus dem Gedächtnis heraus den Weg zu Wasserquellen finden.

AUF DURCHREISE

Das Leben in der Wüste ist geprägt von ständigem Umherziehen. Auf der Suche nach Wasser und Nahrung legen manche Wüstenelefanten jährlich bis zu 480 Kilometer zurück.

TROMPETENSPIEL

Eine Elefantenfamilie marschiert durch den Staub des Etosha Nationalparks in Namibia. Ihr Leittier und das nachfolgende Kalb trompeten etwas in der Ferne an.

MITTAGS AM WASSERLOCH

Gegenüber: Ein stattlicher alter Bulle steht an einem Wasserloch in Etosha. In der Wüste sind Bullen wie dieser meist Einzelgänger, im Gegensatz zu ihren geselligen Vettern in der Savanne. — Oben: Eine Herde Springböcke schreckt auf, als dieser Wüstenelefant ein seltenes Bad im Wasser genießt, das vermutlich von den Überschwemmungen der Regenzeit übrig ist.

ELEFANTENREFUGIUM

Eine Familie, angeführt von ihrer Matriarchin, verweilt am Agab-Wasserloch in Etosha. Dieser Nationalpark ist zu einem Zufluchtsort für Elefanten geworden, die selbst in der Wüste mit dem Vordringen menschlicher Siedlungen und zunehmenden Konflikten mit Landwirten und Viehzüchtern konfrontiert sind.

ANPASSUNG

Wüstenelefanten in der Savanne von Etosha: Dieser Ökotyp, der zur selben Art wie die Savannenelefanten gehört, hat sich an die Bedingungen in der Wüste angepasst, als seine Migrationsrouten zwischen den beiden Lebensräumen durch menschliche Erschließung versperrt wurden.

STAUBBAD

Wissenschaftlern ist bis heute unklar, wie genau ein Staubbad einem Elefanten nützt. Es könnte aber dabei helfen, sich abzukühlen oder Milben und anderes Ungeziefer zu beseitigen.

KRÄFTEMESSEN

Zwei Elefantenbullen liefern sich in der Nähe eines Wasserlochs in Etosha ein Duell. Männliche Wüstenelefanten bleiben die meiste Zeit allein. Nur gelegentlich kämpfen sie um Weibchen oder Ressourcen wie Wasser.

KLEINER UNRUHESTIFTER

Ein weibliches Spitzmaulnashorn behauptet sich gegen einen jungen Elefanten nahe eines Wasserlochs in Etosha. Obwohl diese Tierarten in der Regel friedlich miteinander umgehen, beschloss der Teenager-Elefant plötzlich, sich mit dem Ankömmling anzulegen.

WÜSTENUNTERRICHT

Für das Leben in der Namib-Wüste muss das Passieren von Sanddünen erlernt werden. Eine Mutter (rechts) geht ihrem erst vier Tage alten Kalb voran und wird dabei von einem Kindermädchen im Teenager-Alter unterstützt, das die Nachhut bildet.

MEINE MAMA UND ICH

Die Sonne versinkt hinter einer Elefantenkuh und ihrem Kalb in Namibias Etosha Nationalpark. Elefantengruppen in der Wüste bestehen in der Regel aus deutlich weniger Tieren als in der Savanne – oft sind es nur ein oder zwei Mütter und ihre Kälber.

HENDRICK MUNEMBOME

Hendrick Munembome, der die namibische Organisation Elephant-Human Relations Aid (EHRA) leitet, fühlte sich den Elefanten schon lange vor seiner Tätigkeit im Naturschutz verbunden. Als Kind lehrte ihn sein Vater, dass Elefanten besondere Tiere sind und dass das Träumen von einem Elefanten Heilung bedeutet, wenn ein Mensch krank ist.

Als Wüstenguide für Namibias Umwelt- und Tourismusministerium merkte er, dass er völlig angstfrei mit Elefanten umgehen konnte. Er lernte, das Verhalten und die Körpersprache der Elefanten zu deuten, und entwickelte eine tiefe Verbundenheit zu ihnen – ohne dabei ihre Gefährlichkeit zu vergessen. Er wechselte später zwar den Arbeitsplatz, bewahrte aber seine Verbindung zu den Elefanten.

Nur wenige Menschen, die in den trockenen Ebenen Namibias leben, teilen Munembomes Empfinden. Stattdessen haben sie Angst, ihr Vieh einzutreiben, wenn Elefanten in der Nähe sind, geben Felder auf, auf denen Elefanten grasen, und tragen Gewehre mit sich für den Fall einer Elefantenbegegnung. Der Grund für diese Ängste liegt im mangelnden Verständnis für die Tiere. Dabei wäre es angesichts der zunehmenden Konkurrenz von Menschen und Elefanten um dieselben knappen Ressourcen dringend notwendig, zum Schutz der Tiere über die Bedürfnisse der Wüstenelefanten aufzuklären.

Als Hendrick Munembome 2018 bei EHRA anfing, gründete er das PEACE-Projekt (People and Elephants Amicably Co-Existing), ein Trainingsprogramm, das allen – von Schulkindern über Reiseleitern bis hin zu Rangern – den friedlichen Umgang mit Elefanten vermittelt. Für Munembome beginnt der Lösungsprozess mit Gesprächen, um den Menschen die Rolle zu verdeutlichen, die die Elefanten in ihrem Leben und in ihrer Umgebung spielen: »Ich möchte alle bedeutungsvollen Geschichten zusammentragen, die die Menschen mit diesen Tieren verbinden«, sagt Munembome. Er hofft, dass dann vielleicht auch andere von Elefanten träumen werden und an Heilung glauben.

Links: Für Hendrick Munembome, den Leiter von Elephant-Human Relations Aid, symbolisieren Elefanten Heilung. — Gegenüber: Im Damaraland in Namibia sind die Elefanten aufgrund des Klimawandels, der die Wüste zunehmend aufheizt, darauf angewiesen, dass die Menschen ihnen Raum für ihre Wanderungen und den Zugang zu Nahrung und Wasser geben.

KAPITEL VIER

ASIATISCHE ELEFANTEN

ASIEN

DIE GEFÄHRTEN DER MENSCHEN AUF EINEM ÜBERFÜLLTEN KONTINENT

Ein mit Zuckerrohr beladener Lastwagen rumpelt über eine belebte Straße in Thailand, schlängelt sich durch den Verkehr – und nähert sich einer Falle. Im Wald vor ihm wartet der »Boss« mit seinen beiden Lehrlingen, bereit für einen Raubüberfall.

Als sich der Lastwagen nähert, taucht der »Boss« aus dem Wald auf und versperrt dem Fahrzeug den Weg. Er ist ein riesiger alter Elefantenbulle mit tiefliegenden Augen, die aus einer hohen, gewölbten Stirn blicken. Der Fahrer hat keine Chance, als »der Boss« und zwei jüngere Bullen beginnen, Zuckerrohr von der Ladefläche zu entwenden. Der Verkehr kommt zum Stillstand, während die drei Elefanten ein ausgiebiges Festmahl abhalten.

Menschen, die eng mit Elefanten zusammenleben, haben seit jeher ein kompliziertes Verhältnis zu diesen riesigen Säugetieren. Nirgends wird dies deutlicher als in Südostasien, wo Elefanten sowohl gepriesen als auch geschmäht werden, sowohl als göttliche Wesen und regionale Ikonen verehrt als auch als Lasttiere ausgebeutet oder gar als Plagegeister verabscheut werden.

Ein Teil dieser Problematik ist auf die traditionelle Nutzung des Asiatischen Elefanten als Arbeitstier zurückzuführen. Die Menschen haben sich auf ihre Stärke und Intelligenz verlassen, um gefällte Bäume zu beseitigen,

Gegenüber: Zwei Asiatische Elefanten im Way Kambas Nationalpark auf Sumatra genießen einen vertrauten Moment. — Vorige Doppelseite: Ein Borneo-Zwergelefant späht mit grasgefülltem Maul aus einem Regenwald in Sabah, Malaysia.

Pflüge zu ziehen und schwere Lasten durch unwegsames Gelände zu transportieren. In Kriegen wurden sie sogar als Waffen eingesetzt: Soldaten ritten auf ihrem Rücken in die Schlacht und trieben die Elefanten dazu an, feindliche Truppen zu zertrampeln oder mit an ihren Stoßzähnen befestigten Schwertern auf sie loszugehen. Der Anblick der riesigen Tiere reichte oft aus, um Pferde und Soldaten zum Rückzug zu bewegen.

Obwohl sie die Elefanten nie wirklich domestiziert haben, trainierten die Elefantenpfleger, die sogenannten Mahouts, die Tiere bereits kurz nach ihrer Geburt für die Arbeit und gingen lebenslange Beziehungen zu ihnen ein, die von Zuneigung wie auch von Ausbeutung geprägt waren.

Heutzutage ist die Elefantenarbeit in der gesamten Region zurückgegangen. Maschinen sind inzwischen effizienter. Die Begegnungen zwischen Menschen und Asiatischen Elefanten verlaufen eher wie in unserem Beispiel: Es kommt zu Konflikten zwischen wilden Elefanten und Menschen, da die Abholzung der Wälder die Elefanten aus ihrer Heimat vertreibt und die Menschen durch wachsende Städte und Dörfer den Elefanten auf die Pelle rücken.

Diese Plünderungen wurden vom »Boss« zunächst allein durchgeführt. Niemand weiß, wie er gelernt hat, die Zuckerrohr-Lkws abzufangen. Womöglich hat er einfach das Zuckerrohr auf der Ladefläche des sich nähernden Lkws gerochen. Mit der Zeit schlossen sich ihm die beiden jüngeren Bullen an. Vielleicht sind sie ihm bei den Überfällen nützlich – oder sie wollen einfach etwas lernen.

Nachdem sich der »Boss« und seine beiden jungen Komplizen satt gegessen haben, ziehen sie sich in den Wald zurück und geben den Verkehr wieder frei. Aber in ein paar Stunden oder Tagen werden die drei zurückkehren. Die Elefanten wissen, dass

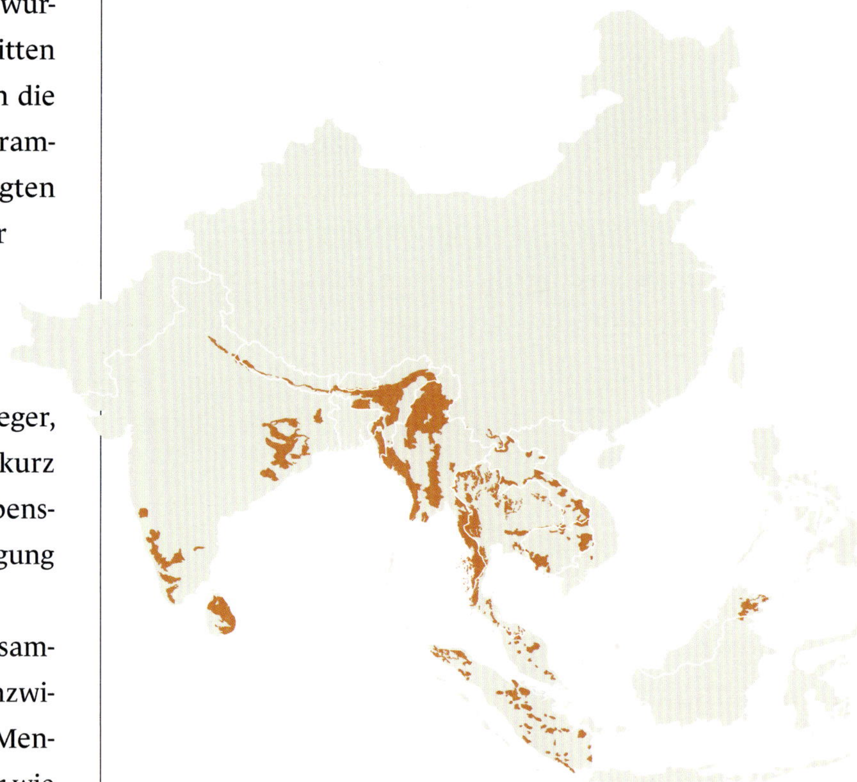

ASIATISCHE ELEFANTEN IM ÜBERBLICK

Wissenschaftlicher Name: *Elephas maximus*

Verbreitung: Südostasien

Lebensraum: Wald, Grasebenen und vom Menschen geprägte Landschaften

Geschätzte Populationsgröße: 50 000 Elefanten

Merkmale: äußerst anpassungsfähig, mit flexiblen sozialen Strukturen jetzt Zuckerrohrsaison ist. Es werden noch mehr Lastwagen vorbeikommen. Das Elefantentrio geht sogar recht strategisch vor, indem es kleinere Zuckerrohrlaster vorbeifahren lässt und sich erst dann in Bewegung setzt, wenn die größten Lastwagen mit der meisten Ladung in Sicht sind.

In Asien befinden sich einige der am schnellsten wachsenden und am dichtesten besiedelten Regionen der Welt. Durch die Ausbreitung von Straßen, Feldern und Ortschaften kommen die Menschen immer häufiger in Kontakt mit Elefanten. Die anpassungsfähigen und intelligenten Tiere haben gelernt, wie sie von ihren neuen Nachbarn profitieren können: Sie plündern Farmen, stehlen Lebensmittel aus Fenstern, nehmen ungeniert Mangos von Obstmarktständen mit und überfallen Lastwagen mit Lebensmitteln. Der »Boss« und seine Gefährten sind nicht die einzigen Elefanten, die dieses Vorgehen beherrschen. Auch Elefanten in Indien haben gelernt, dass Zuckerrohr-Lkws eine hervorragende Zwischenmahlzeit bieten. Die zuckerhaltigen Halme stecken voller Energie. Sie liefern den Tieren mit minimalem Aufwand einen Großteil ihres Tagesbedarfs – und das alles dank der Gelegenheiten, die ihnen die Menschen bieten, die in ihrer Nähe leben.

Obwohl der Asiatische und der Afrikanische Elefant zur selben wissenschaftlichen Familie gehören, sind sie eher entfernte Cousins. Gentechnische Untersuchungen haben bestätigt, dass der Asiatische Elefant näher mit dem ausgestorbenen Wollhaarmammut verwandt ist als mit dem lebenden Afrikanischen Elefanten.

Vor sechs bis acht Millionen Jahren verließen die entfernten Vorfahren der heutigen Asiatischen Elefanten Afrika auf der Suche nach einer neuen Heimat. Sie verbreiteten sich auf dem Gebiet des heutigen Indien, Südchina, Myanmar, Thailand, Kambodscha, Laos, Bhutan, Nepal und Teilen Malaysias und Indonesiens. Dort angekommen, hatten sie sich gegenüber ihren Vorfahren bereits in solchem Maße weiterentwickelt, dass sie heute als eigene Gattung gelten.

Asiatische Elefanten sind mit einer Schulterhöhe von etwa 3,4 Metern kleiner als die afrikanischen Savannenelefanten (etwa 4 Meter Schulterhöhe), außerdem haben sie eine markante gewölbte Stirn. Ihr Rüssel hat nur einen »Finger« zum Greifen statt zwei. Trotzdem sind die Asiatischen Elefanten nicht weniger geschickt als ihre afrikanischen Verwandten. Man erkennt sie schon von Weitem an ihren Ohren, die viel kleiner sind als die der Afrikanischen Elefanten. Schließlich wachsen nur männlichen Asiatischen Elefanten Stoßzähne – nur wenige Weibchen bekommen verkümmerte und brüchige Stoßzahnstumpen, die gerade mal über ihre Lippen hinausragen.

Trotz dieser Unterschiede gingen Wissenschaftler jahrzehntelang davon aus, dass die sozialen Verbände der Asiatischen und Afrikanischen Elefanten im Wesentlichen gleich seien. Wie in den afrikanischen Wäldern leben auch die Asiatischen Elefanten meist im Verborgenen. Der dichte Dschungel, der ihr Zuhause ist, hat es den Wissenschaftlern schwer gemacht, sie zu erforschen. Doch dank neuer Technologien, entschlossener Beobachtung und der Macht des Zufalls ist es den Menschen in den vergangenen Jahren gelungen, einen besseren Einblick in das Leben dieser Art zu gewinnen. Wie ihre Vettern sind auch die Asiatischen Elefanten auf ihre Intelligenz und ihre sozialen Bindungen angewiesen, um zu überleben. Ihre Verhaltensweisen und sozialen Strukturen unterscheiden sich allerdings deutlich.

Auf der Insel Sri Lanka vor der Südspitze Indiens wurden angesichts vernichteter Wälder neue

Erkenntnisse über das Sozialverhalten der Asiatischen Elefanten gewonnen. In den 1970er-Jahren wurden die Wälder, in denen mehr als 800 Elefanten lebten, abgeholzt, um Teakholzplantagen anzulegen. Dies zwang die Herden, in einen nahegelegenen Nationalpark mit weiten Grasebenen überzusiedeln. Die offene Landschaft bot den Wissenschaftlern Gelegenheit, die Elefanten zu beobachten. Und was sie sahen, hat unser Verständnis des sozialen Gefüges dieser Art verändert.

Zuvor hatten die Forscher Asiatische Elefanten meist in Gruppen von höchstens fünf Individuen gesichtet. Daraus schlossen sie, dass diese Elefanten relativ kleine Gruppen aus nur nahen Verwandten hätten. Nach mehr als zwei Jahren Forschung in Sri Lanka zeigte sich jedoch, dass dem nicht so ist. Diese Elefanten sind keine Eigenbrödler, sondern können durchaus gesellig sein. Weibliche Elefanten ziehen in Sri Lanka oft mit zehn oder mehr befreundeten Tieren durchs Land und teilen ihr Futter. Die geselligsten Gruppen zählen sogar bis zu 50 Individuen.

Weibliche Asiatische Elefanten verbringen ihr Leben im Allgemeinen aber in kleineren Gruppen, die als Clans bezeichnet werden und sehr flexibel sind. Sie haben zumeist mehrere Leittiere. Ältere Matriarchinnen genießen mehr Respekt als jüngere Mitglieder, aber Entscheidungen werden gemeinsam getroffen. Die Zusammensetzung eines Clans kann sich innerhalb von Stunden oder Monaten ändern. Die Elefanten knüpfen ständig neue Bande und beenden alte. Sie ziehen einfach weiter, wenn sich ihre Bedürfnisse und Gefühle ändern. Diese fließenden Beziehungen beginnen direkt nach der Geburt: Kälber sind oft zu verschiedenen Zeiten mit verschiedenen Weibchen in ihrer Gruppe unterwegs. Man kann erst dann erkennen, wer das Muttertier ist, wenn das Kalb gesäugt wird.

Gleichzeitig können Asiatische Elefanten sehr loyal sein, manche Bindungen überdauern viele Jahre. Kamala und Kanthi etwa, zwei Weibchen in Sri Lanka, waren praktisch unzertrennlich: Während der 20 Monate langen Beobachtungszeit sahen die Forscher sie selten mehr als ein paar Meter voneinander entfernt. In der gesamten Region haben Wissenschaftler zudem beobachtet, dass in besonders schwierigen Zeiten – etwa in der Trockenzeit, wenn Nahrung und Wasser knapp sind – die sozialen Bande verstärkt werden. Elefanten tun sich zusammen, um fremde Individuen von wertvollen Ressourcen zu vertreiben und so dafür zu sorgen, dass ihre Freunde ausreichend versorgt sind.

Diese engen Bindungen sind nicht auf die Weibchen beschränkt. In Indien setzten Forscher bewegungsgesteuerte Kameras ein, um männliche Elefanten zu beobachten, die ihren Familienverband im Teenageralter verlassen. Sie wurden Zeugen, wie sich diese Bullen zusammenschlossen und große Gruppen bildeten, die über Monate, Jahre und manchmal sogar Jahrzehnte zusammenblieben. Diese Gruppen waren am verbreitetsten in Gebieten, die von Wald in Ackerland umgewandelt wurden, und sie wurden größer, wenn es mehr Feldfrüchte gab. Es sieht so aus, als ob diese rein männlichen Gruppen, wie der »Boss« und seine Helfer, gemeinsam Farmen überfallen, um Nahrung zu finden. Darüber hinaus sehen die Elefanten in diesen Clans in der Regel gesünder aus als diejenigen, die in kleineren Gruppen oder allein leben, was darauf hindeutet, dass sich Zusammenarbeit bei der Nahrungsbeschaffung auszahlt.

Asiatische Elefanten zeigen ihre tiefe Verbundenheit besonders dann, wenn sie ein Familienmitglied verlieren. Dokumente dieses Verhaltens kommen aus einer unerwarteten Quelle: YouTube-Videos.

Die Wilderei im indischen Kaziranga – Heimat von mehr als 1200 Asiatischen Elefanten – hatte so stark zugenommen, dass der Park eine bewaffnete Tierschutzpatrouille einsetzte, die auf Elefanten umherzieht.

Forscher haben das Verhalten Afrikanischer Elefanten im Zusammenhang mit dem Tod bereits ausgiebig untersucht, aber sie hatten in der Vergangenheit Schwierigkeiten, dasselbe bei Asiatischen Elefanten in deren bewaldeten Lebensräumen zu beobachten. Eine Forschergruppe, die sich für die Reaktionen der Tiere auf den Tod interessierte, durchsuchte daher online eingestellte Videos. Sie fand zwei Dutzend Videos, auf denen Elefanten zu sehen waren, die tote Tiere streichelten, mit den Füßen gegen sie stießen, als wollten sie sie aufwecken, trompeteten und kollerten oder versuchten, sie hochzuheben. Einige hielten sogar mehrere Tage lang Wache beim Verstorbenen.

Das vielleicht erstaunlichste Verhalten zeigten Mütter, die ihre Kälber verloren hatten. Die Forscher entdeckten fünf Fälle, in denen die Weibchen ihre toten Kälber mit dem Rüssel herumtrugen – etwas, das Elefanten mit ihren lebenden, gesunden Babys nie tun. Obwohl die Wissenschaftler solche Verhaltensweisen nur ungern mit menschlichen Kategorien wie »Trauer« bewerten, ist dies eine Situation, die jedem bekannt vorkommen dürfte, der schon einmal einen geliebten Menschen verloren hat und nur schwer loslassen konnte.

Viele Geräusche, die ein Asiatischer Elefant erzeugt, sind seinen afrikanischen Verwandten vertraut. Beide verfügen über ein vielfältiges Vokabular an Lauten wie Kollern und Rumpeln, Trompeten, Krächzen und Knurren, die kombiniert werden können, um eine bestimmte Bedeutung zu erhalten. Asiatische Elefanten kommunizieren zum Teil ebenfalls seismisch, indem sie das Kollern und Aufstampfen als Vibrationen im Boden wahrnehmen.

Genau wie Afrikanische Elefanten können Asiatische Elefanten mit Tonfrequenzen kommunizieren, die das menschliche Gehör nicht erfassen kann.

Das Wissen über diese erstaunliche Kommunikationsmethode stammt ursprünglich auch von Beobachtungen Asiatischer Elefanten. Als die Forscherin Katy Payne, die zuvor die Kommunikation der Wale erforschte, in den 1980er-Jahren in einem Zoo in Oregon die in Gefangenschaft lebenden Asiatischen Elefanten studierte, nahm sie ein seltsames Pochen in der Luft wahr. Erst als sie an Bord eines Flugzeugs das ähnliche Pulsieren der Triebwerke spürte, wurde ihr klar, dass es sich bei den Vibrationen im Zoo um Infraschall handeln musste, der unterhalb der menschlichen Hörschwelle liegt.

Payne und ihre Kollegen kehrten mit Aufnahmegeräten in den Zoo zurück. Innerhalb eines Jahres konnten sie bestätigen, dass diese tiefen, pulsierenden Laute von den Elefanten stammten. Schon bald fanden Forscher heraus, dass Afrikanische Elefanten auch mittels Infraschall kommunizieren. Die Elefanten erzeugen diese Töne, indem sie Luft durch ihre Stimmbänder blasen, die daraufhin vibrieren – genauso wie Menschen sprechen und singen.

Asiatische Elefanten haben sich jedoch an das Leben in dichten Wäldern angepasst, ganz im Gegensatz zu den weiten, offenen Ebenen, in denen ihre Vorfahren lebten. Diese räumliche Enge könnte erklären, warum die Infraschalllaute der Asiatischen Elefanten leiser sind und eine geringere Reichweite haben – sie müssen sich nicht über so große Entfernungen verständigen.

Die unterschiedlichen Lebensräume haben wohl auch dazu geführt, dass die Asiatischen Elefanten einige ganz eigene Kommunikationsmethoden entwickelt haben. Sie können ein bestimmtes Geräusch von sich geben, das wahlweise als Quieken, Summen oder Zirpen bezeichnet wird. Wissenschaftler gehen davon aus, dass dieses einzigartige Geräusch fast immer ein Zeichen von Aufregung ist und dazu dient, wichtige Informationen mitzuteilen: Freude über gefundene Nahrung, Warnung vor einem herannahenden Tiger oder Unsicherheit und ein Hilferuf. Die hohe Frequenz scheint den Asiatischen Elefanten dabei zu helfen, die dichte Vegetation des Waldes zu durchdringen, wo es schwer ist, sich gegenseitig im Auge zu behalten.

Das Zirpen Asiatischer Elefanten ist so individuell wie eine menschliche Stimme. Zirpen kann mit Kollern, Krächzen und Schnaufen kombiniert werden, um die Aussage zu präzisieren und Informationen zu ergänzen. Ein Elefant macht nach dem Zirpen oft einen »Rüsselschlag«, das heißt, er rollt seinen Rüssel unter dem Kinn zusammen und schlägt ihn dann laut auf den Boden – ein weiteres einzigartiges Geräusch der asiatischen Art.

Savannenelefanten zirpen in freier Wildbahn nicht. Das heißt aber nicht, dass sie es nicht lernen können. In der Schweiz verbrachte ein 23-jähriger Afrikanischer Elefant namens Calimero einen Großteil seines Lebens Seite an Seite mit zwei Asiatischen Elefanten im Zoo Basel. Wie seine Nachbarn begann auch Calimero zu zirpen. Andere Länder, andere Sitten, so scheint es.

Ein Asiatischer Elefant namens Koshik hat in einem südkoreanischen Zoo gelernt, eine noch schwierigere Sprache zu imitieren. Er fand heraus, wie er seinen Rüssel in seinen eigenen Hals stoßen kann, sodass er dessen Form verändern und fünf koreanische Wörter nachahmen kann, die seine Pfleger benutzen.

Trotz all dieser eindrucksvollen Beispiele bleibt die Kommunikation unter Asiatischen Elefanten immer noch weitgehend rätselhaft. Wissenschaftler sind nicht einmal sicher, wie die Elefanten lernen zu kommunizieren. Ein Fall wie der von Calimero legt nahe, dass Elefanten einander nachahmen können, und das Beispiel von Koshik zeigt, dass diese Nachahmung sogar mit dem anderer Arten als Vorbild funktioniert. Aber welche Rolle spielt diese Fähigkeit für die Entwicklung eines jungen Elefanten? Wie lehren die Individuen einander, und wie lernen sie voneinander?

Dieses Geheimnis gilt unter Forschern als das große Rätsel der Biologie Asiatischer Elefanten. Während die Interaktion zwischen Afrikanischen Elefanten über viele Generationen hinweg beobachtet und aufgezeichnet wurde, existieren nur wenige Studien über den Informationsaustausch bei Asiatischen Elefanten. Diese Art der Forschung ist äußerst anspruchsvoll und dauert Jahre. Hinzu kommt, dass viele Wissenschaftler, die mit Asiatischen Elefanten arbeiten, sich vorrangig mit einem ganz anderen, dringlicheren Thema befassen: dem Überleben der Tiere.

Im Frühjahr 2020 sorgte eine Elefantengruppe für weltweites Aufsehen, als sie ihre Heimat in Südchina verließ und eine extrem lange Wanderung antrat. Die Gruppe, die ursprünglich aus 14 Weibchen und 3 Männchen bestand, legte im Laufe eines Jahres eine Strecke von fast 1290 Kilometern zurück, von der Grenze zu Laos nordwärts bis zur Stadt Kunming. Sie zogen durch dichte Städte, überquerten Straßen, Parkplätze und Brücken. Unterwegs plünderten sie Felder und brachen Türen auf der Suche nach Nahrung auf. Ganze Städte auf ihrem Weg wurden evakuiert.

Aber die umherziehende Familie weckte auch Sympathie, Faszination und sogar Zuneigung. Die Tiere planschten in Kanälen und lernten, ihre Rüssel zu benutzen, um Außenwasserhähne aufzudrehen. Einem Drohnenfotografen gelang ein sensationelles Foto von den Elefanten, wie sie sich in einem Feld zum Schlafen hinlegten und ihre Körper eng aneinanderschmiegten. Dieses »Schlafen auf dem Boden« ist für erwachsene Tiere unüblich, was darauf hindeutet, dass die Familie erschöpft war von dem Stress, sich durch laute, überfüllte menschliche Lebensräume zu bewegen.

Niemand weiß so recht, warum die Gruppe ihre Heimat überhaupt verlassen hat. Eine gängige Theorie ist, dass sie dort nicht mehr genug Ressourcen zur Verfügung hatte. Wilderei und Lebensraumzerstörung haben den Elefantenbestand in China stark dezimiert, und die wenigen verbliebenen Elefanten leben nur noch innerhalb eines Naturschutzgebietes im Süden, wo die Wandergruppe ursprünglich herkam. Aufgrund des Jagdverbots auf Elefanten nimmt die Zahl der Dickhäuter in diesem Reservat derzeit zu: Von 180 Tieren in den 1980er-Jahren stieg ihre Zahl auf 300 Tiere im Jahr 2021. Das bedeutet auch, dass sich immer mehr Elefanten einen zunehmend klaustrophobischen Ort teilen müssen.

Im Spätsommer 2021 kehrte die Wandertruppe in das Naturschutzgebiet zurück. Noch während sie unterwegs waren, berichteten Einheimische von weiteren Elefanten, die über die Grenzen des Parks hinaus in einen benachbarten Botanischen Garten zogen.

Dies ist ein Musterbeispiel für die derzeitige Situation Asiatischer Elefanten: Sie leben eingeengt auf einem immer kleiner werdenden Waldgebiet, kämpfen um ausreichend Nahrung und geraten bei der Suche nach neuen Nahrungsquellen mit Menschen aneinander. In Asien sind die größten Bedrohungen für die Elefanten die Zerstörung ihres Lebensraums und das wachsende menschliche Siedlungsgebiet. Allein in Indien, wo mehr als 60 Prozent der asiatischen Elefantenpopulation leben, werden jedes Jahr zwischen 100 und 400 Menschen bei Begegnungen mit Elefanten getötet – oft weil sie versuchen, die Tiere davon abzuhalten, ihre Felder zu plündern. Zwischen 50 und 100 Elefanten werden dabei ebenfalls jährlich getötet.

Der daraus resultierende Teufelskreis aus Angst und Todesfällen führt zu einer vertrackten Beziehung. Elefanten, die wiederholt von Feldern vertrieben wurden, zeigen mitunter ein ungewöhnlich gestresstes und aggressives Verhalten, was sie für Menschen noch gefährlicher macht. Dort, wo die Felder häufig geplündert wurden, haben die Dorfbewohner kaum noch Geduld mit den Elefanten. Selbst an Orten, an denen die Elefantenbestände stabil oder rückläufig sind, berichten Einheimische oft, dass sie das Gefühl haben, die Elefantenpopulationen seien sehr groß und würden weiter wachsen, was wiederum den Ärger über neue Schutzmaßnahmen für die Tiere anheizt. In den meisten asiatischen Elefantenpopulationen nimmt die Zahl der Tiere nicht deutlich zu, sondern die Gruppen werden aus ihren Heimatgebieten verdrängt und in vom Menschen genutzte Gebiete getrieben – oder sie werden einfach sichtbarer, weil der Mensch seinen Lebensraum ausdehnt und Waldgebiete verloren gehen.

Gleichzeitig sind die Elefanten in Asien zu einem Aushängeschild für den Artenschutz geworden. Sie sind kulturelle Ikonen, die in vielen Teilen Asiens respektiert und verehrt werden. In der hinduistischen Mythologie beispielsweise ist der Elefant eine der Kostbarkeiten, die die Götter auf der Suche nach Unsterblichkeit aus dem Ozean geborgen haben, und der elefantenköpfige Ganesha gilt als eine mächtige Gottheit. Eine Studie, die in Nordbengalen durchgeführt wurde, ergab, dass 75 Prozent der befragten

ELEFANTEN SIND IN ASIEN KULTURELLE IKONEN, DIE RESPEKTIERT UND VEREHRT WERDEN, WESHALB SIE AUCH ZU EINEM AUSHÄNGESCHILD FÜR DEN ARTENSCHUTZ WURDEN.

Dorfbewohner positive Gefühle gegenüber Elefanten hegen, obwohl sie in Dörfern leben, die häufig von Elefanten geplündert werden.

So, wie die Biologie der Asiatischen Elefanten bislang nicht umfassend erforscht ist, steckt auch die Forschung zur Koexistenz von Mensch und Elefant noch in den Kinderschuhen. Ein Ansatz für die Zukunft dieser Beziehung kommt aus Borneo, wo sich eine Umweltschutzorganisation auf diese Frage konzentriert hat.

Elefanten leben auf Borneo schon seit Bestehen der Insel. Vor etwa 300 000 Jahren schnitt der durch schmelzendes Eis steigende Meeresspiegel diese Elefanten von ihren Verwandten auf Sumatra und dem Rest des Kontinents ab. Borneos Elefanten sind etwas kleiner als andere Asiatische Elefanten, weshalb sie auch häufig als »Zwergelefanten« bezeichnet werden. Obwohl sie sich genetisch nicht ausreichend stark von den asiatischen Festlandselefanten unterscheiden, sind diese Elefanten physisch so verschieden, dass sie dennoch als Unterart behandelt werden.

Jahrtausendelang war Borneo überwiegend von Wäldern geprägt, und die Elefanten hatten weit weniger Kontakt zu Menschen als andere asiatische Elefantenpopulationen. Einige Forscher meinen, dass dies die Elefanten auf Borneo im Umgang mit Menschen gutmütiger und ruhiger gemacht hat. In den 1990er-Jahren begannen die Menschen jedoch damit, den Regenwald auf Borneo abzuholzen, um Palmölplantagen anzulegen und so die weltweite Nachfrage nach Palmöl zu bedienen, das in diversen Produkten von Schokoriegeln bis hin zu Shampoo enthalten ist. Heute sind die rund 2000 Elefanten, die auf Borneo noch existieren, auf die nördliche Region Sabah beschränkt, in der zwischen 1973 und 2015 mehr als 50 Prozent der Wälder abgeholzt wurden.

Für die Elefanten in diesem Gebiet sind die Palmölplantagen eine ideale Nahrungsquelle – und die Plantagenbesitzer behandeln die Elefanten wie Schädlinge. Die Dickhäuter halten sich gerne stundenlang in den Plantagen auf, fressen die zahlreichen zarten, jungen Bäume und zerstören dabei die nächste Erntegeneration der Landwirte. Diese rächen sich zum Teil, indem sie Fangschlingen auslegen, Gift ausstreuen oder sogar auf die Elefanten schießen.

Es könnte aber auch eine andere Lösung geben. Die gemeinnützige Organisation Seratu Aatai hat es sich zur Aufgabe gemacht, Möglichkeiten zu finden, wie das Land gemeinsam mit den Elefanten genutzt werden kann. Der Name der Organisation bedeutet in einer der indigenen Sprachen Borneos »Solidarität«. Die Forscher von Seratu Aatai haben zum Beispiel herausgefunden, dass Elefanten nur junge Ölpalmen fressen und Bäume, die mehr als acht Jahre alt sind, weitgehend ignorieren. Wenn die Plantagenbesitzer also nur ihre jungen Pflanzen umzäunen, könnten die Elefanten immer noch durch die Gebiete mit den älteren Bäumen wandern.

In einigen Plantagen werden sogar spezielle Areale für die Elefantenmigration geschaffen: Im Jahr 2020 wurde in Sabah ein neuer Wildtierkorridor eingerichtet, der durch eine staatliche Palmölplantage verläuft. Er verbindet zwei Naturschutzgebiete miteinander und ist mit einheimischer Vegetation bepflanzt, die den Elefanten als Futter dient. Auch in Indien werden im ganzen Land neue Elefantenkorridore angelegt. Dazu gehören gemeinnützige Projekte, in denen Familien dafür bezahlt werden, freiwillig umzuziehen in neuere, größere Häuser, die außerhalb der Laufwege der Elefanten liegen.

Häufig sind es die »kleinen Leute«, die die Anwesenheit der Elefanten am meisten zu spüren bekommen. Mit der Abholzung der Wälder für Plantagen haben Großunternehmen die Elefanten praktisch in die Gärten aller anderen verdrängt. Seratu Aatai möchte die Feindseligkeit gegenüber Elefanten abbauen, indem es ein Versicherungsprogramm einrichtet, das Menschen entschädigt, die ihre Lebensgrundlage durch Elefanten verloren haben. Die Organisation bietet außerdem Schulungen an, um den Einheimischen die Verhaltensweisen der Tiere näherzubringen und zu zeigen, wie man bei Zwischenfällen mit Elefanten deeskalierend eingreifen kann. Auch wenn Borneos Elefanten kleiner sind, lösen sie bei vielen Einheimischen trotzdem Angst aus. Ziel ist es, den Menschen beizubringen, Elefanten nicht als Bedrohung zu sehen.

Asiatische Elefanten können sehr alt werden; die ältesten unter ihnen werden 80 Jahre und älter. Mit zunehmendem Alter hinterlässt die Zeit deutliche Spuren auf ihren Körpern. Ältere Asiatische Elefanten entwickeln Sommersprossen – hellgelborangefarbene Hautpartien, die mit dunkelgrauen Kreisen übersät sind und die nur bei dieser Art vorkommen.

Aufgrund dieser langen Lebensspanne und ihres berühmten Erinnerungsvermögens, das sich über mehrere Generationen erstreckt, halten Elefanten auch dann noch an alten Gewohnheiten fest, wenn der Mensch ihre Lebensräume verändert und umfunktioniert. In Indien etwa ziehen Elefantenherden weiterhin auf ihren alten Wanderrouten durch ehemaliges Waldgebiet, das heute Teeplantagen umfasst.

Auf den meisten Farmen sind diese riesigen und hungrigen Tiere unerwünscht. Doch die bitteren Blätter der Teesträucher sind für Elefanten völlig uninteressant. Eine immer stärker werdende Bewegung setzt sich daher dafür ein, diese Plantagen zu sicheren Zwischenstationen für Elefanten zu machen, anstatt die Herden zu verjagen. Mit Bambus und Sternfrüchten bepflanzte Pufferzonen um die Farmen herum sollen den Elefanten reichlich Nahrung außerhalb der Plantage bieten. Durch künstlich angelegte Wasserstellen wird den wandernden Elefantengruppen ein sicherer Platz zum Trinken geboten. Zudem verzichten die Landwirte zunehmend auf Pestizide und Elektrozäune, die Elefanten verletzen oder sogar töten können, und legen ihre Entwässerungsgräben so an, dass sie flach genug sind, damit ein gestürzter Elefant problemlos wieder herauskommt. Inzwischen gibt es sogar eine Organisation, die Teeplantagen als »elefantenfreundlich« zertifiziert, wenn sie alle diese Merkmale erfüllen.

Aber auch abseits solch formaler Systeme finden Gemeinden Wege für ein friedliches Miteinander. In Valparai in Südindien ist es keine Seltenheit, dass sich Elefanten und Menschen Teefelder teilen. Die Teefarmer haben festgestellt, dass die Elefanten unliebsame Pflanzenarten, die zwischen den Teesträuchern wachsen, auffressen, wenn man ihnen Raum gibt. Auf diese Weise wird die Plantage effektiv gejätet, und die Arbeiter sparen Zeit. Auch die Elefanten wirken entspannter: Sie sind gesättigt und werden nicht von Menschen angegriffen, wenn sie auf ihren uralten Migrationsrouten unterwegs sind.

Bei seiner Rettung hatte der vierjährige Gluay Hom ein verletztes Bein. Er war stundenlang an einen Pfahl in einem thailändischen Park gekettet, wo er Touristen zur Schau gestellt wurde.

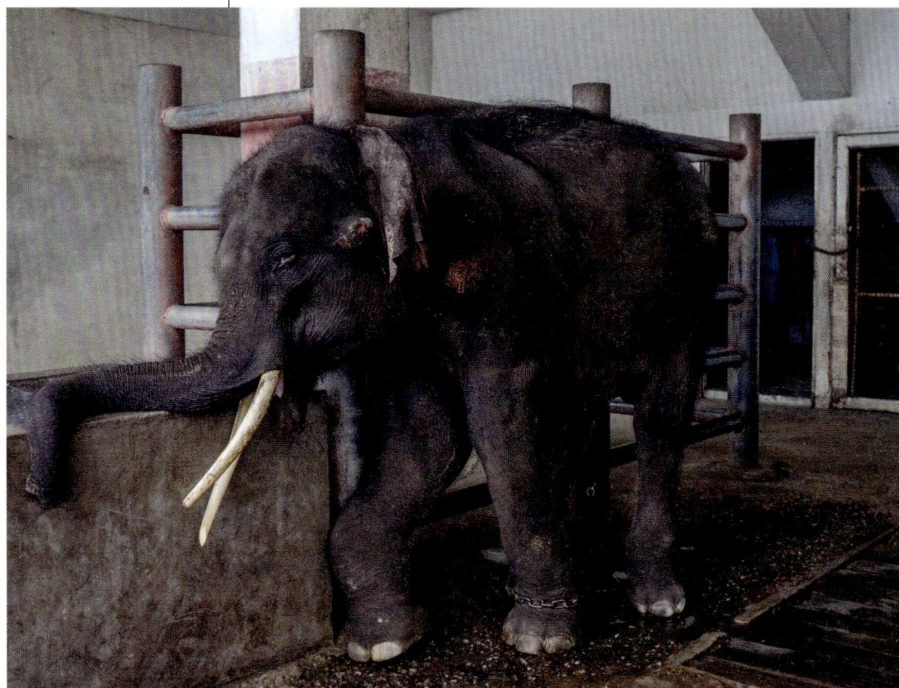

In Thailand haben die Einheimischen mittlerweile sogar ein harmonisches Verhältnis zum diebischen »Boss« und seinen Komplizen entwickelt. Sie haben festgestellt, dass die Elefanten die Ware in den Lastwagen insgesamt nicht wesentlich verringern. Die transportierten Ladungen sind sehr groß, und die Elefanten nehmen meist nur einen oder zwei Rüssel voll Zuckerrohr mit, bevor sie den

Mittlerweile blüht Gluay Hom in einer Elefantenauffangstation auf. Anwälte und Regierungsvertreter drängen auf eine strengere Regulierung des Elefantentourismus in Thailand.

Laster weiterfahren lassen. Die Lkw-Fahrer und auch die anderen Autofahrer im Umkreis empfinden einen Stau durch einen fressenden Elefanten inzwischen als normal.

Es ist beinahe schon ein Klischee zu sagen, dass die Zukunft der Asiatischen Elefanten, wie die aller Elefantenarten, ungewiss ist. Die Asiatischen Elefanten sind jedoch einzigartig. Einige ihrer Populationen konnten sich stabilisieren oder wachsen sogar langsam wieder an – wie in Nepal, Bhutan, Thailand, China und Teilen Indiens –, obwohl sie sich den Kontinent mit vielen Menschen teilen müssen.

Im Jahr 2020 beschlossen die Mitglieder der Bonner Konvention diesen Elefanten den größtmöglichen Schutz zu gewähren. Theoretisch bedeutet das, dass alle Asiatischen Elefanten frei umherziehen und ungehindert internationale Grenzen überqueren können. Obwohl den Elefanten die künstlichen Grenzen zwischen den Ländern ziemlich egal sind, können sie dennoch bedroht werden, wenn sie zwischen Ländern mit unterschiedlichem Schutzniveau reisen. Dieser neue Schutz bedeutet natürlich wenig, wenn Städte, Farmen und kilometerlange Elektrozäune weiterhin die Wege der Elefanten versperren.

Die vielleicht größte Ironie der Konflikte zwischen Elefanten und Menschen, egal wo sie sich abspielen, besteht darin, wie ähnlich wir den Elefanten sind. Wir sind beide hochgradig soziale und zutiefst emotionale Lebewesen. Uns verbindet Intelligenz, Kommunikation und familiärer Zusammenhalt. Wir sind gleichermaßen extrem störrisch und äußerst anpassungsfähig. Sowohl Menschen als auch Elefanten sind im positiven wie im negativen Sinne Ingenieure der Ökosysteme mit einer erstaunlichen Begabung, die Welt um uns herum neu zu gestalten.

Doch obwohl Elefanten von uns lernen und uns bestehlen, sich über unsere Beschränkungen hinwegsetzen und Wege der Koexistenz finden, hat es die moderne menschliche Gesellschaft versäumt, in gleicher Weise zu reagieren und sich anzupassen.

Die Elefanten haben gelernt, sich in unserer Welt zurechtzufinden. Vielleicht ist es für uns an der Zeit, dass wir uns bei ihnen revanchieren.

UNTERWEGS

Ein Elefant trottet durch den Morgennebel im Nagarahole Tiger Reserve im Südwesten Indiens. Das Reservat ermöglicht sowohl Elefanten als auch Tigern die Migration zwischen verschiedenen Wildtiergebieten, ohne auf Menschen zu treffen.

EIN APFEL AM TAG

Ein Elefant, der am indischen Brahmaputra-Fluss unterwegs ist, nascht gerade eine Frucht des *Dillenia indica* – eines Baums, der auch Elefantenapfel genannt wird, da die Tiere diese Früchte leidenschaftlich gerne fressen.

DIE STELLUNG HALTEN

Eine Elefantenfamilie im indischen Kaziranga Nationalpark umringt ihr Kalb, um es vor einem heranpirschenden Bengalischen Tiger zu schützen. Dem blieb nichts anderes übrig, als mit leerem Magen abzuziehen.

UMSTRITTENES ELEFANTENREITEN

In Sicherheit vor stürmenden Nashörnern beobachten Touristen eine Herde grasender Sumpfhirsche im indischen Kaziranga Nationalpark. Das Reiten auf Elefanten, insbesondere von mehreren Personen, ist mittlerweile sehr umstritten, da es nach Ansicht von Biologen die Wirbelsäule der Tiere dauerhaft schädigen kann.

ANNÄHERUNG

Dorfbewohner verjagen Elefanten von Privatgrundstücken am Rande des Kaziranga Nationalparks. Wenn Siedlungen auf ihren Migrationsrouten liegen, ist es für Elefanten schwer, Stellen mit Nahrung und Wasser zu erreichen, wodurch Konflikte mit Menschen zunehmen.

CO-ELTERNSCHAFT

Im südindischen Nagarahole Nationalpark nehmen zwei Mütter mit ihren Kälbern ein Bad. Während man früher glaubte, dass die Asiatischen Elefanten solitärer leben als ihre afrikanischen Vettern, gelten sie heutzutage als sehr sozial.

VORSPIEL

Ein verliebter Elefantenbulle legt seinen Rüssel über den Kopf eines Weibchens, um seine Paarungsbereitschaft zu bekunden. Die Flüssigkeit, die aus den Drüsen an seiner Schläfe läuft, zeigt deutlich, dass das Männchen in der Musth und sein Hormonspiegel erhöht ist.

SANDIGE ABKÜHLUNG

Ein Elefant im indischen Jim Corbett Nationalpark wirft zur Abkühlung Sand über seinen Rücken, während seine Familie grast.

STOSSZAHN-VERGLEICH

Gegenüber: Dieser prächtige Elefantenbulle mit dem Namen Colonel Hathi hat angeblich die längsten Stoßzähne aller bekannten Asiatischen Elefanten. Elefanten, deren Stoßzähne bis zum Boden reichen, werden »*tusker*« genannt. — Oben: Stoßzähne wachsen im Lauf des Elefantenlebens langsam, aber kontinuierlich. Die kürzeren Stoßzähne dieses Bullen lassen auf sein jugendliches Alter schließen.

SCHWIMMSCHÜLER

Ein Borneo-Elefant badet mit einem jungen Kalb im Kinabatangan-Fluss. Mit nur wenigen Monaten lernen Elefanten mit familiärer Unterstützung schwimmen.

BESCHÜTZERIN

Eine Elefantenkuh legt ihren Rüssel um dieses junge Kalb in Sri Lankas Minneriya Nationalpark und bugsiert es zwischen ihre Beine in Sicherheit.

ESSEN UND BADEN

Wildlebende Elefanten baden und grasen gleichzeitig in den Feuchtgebieten am Rande von Guwahati, der größten Stadt im nordostindischen Bundesstaat Assam. Diese Elefanten kommen aus dem Rani-Garbhanga Reserve Forest, der an die Stadt grenzt.

RÜSSEL-SHOW

Zwei junge Männchen liefern sich einen Schaukampf im Minneriya Nationalpark in Sri Lanka, wo sich in der Regenzeit Hunderte von freilebenden Elefanten einfinden. Keines der beiden Männchen hat bisher Stoßzähne, und es ist sogar möglich, dass sie nie welche bekommen. Anders als bei den afrikanischen Bullen ist das Fehlen von Stoßzähnen bei ihrer Art durchaus üblich.

HUNDEFÄNGER

Im Nagarahole Nationalpark vertreibt ein Elefant ein Rudel Rothunde, auch Asiatische Wildhunde genannt. Sie sind unliebsame Gäste für eine Elefantenfamilie: Wenn sie als Rudel gemeinsam jagen, können sie mitunter ein unbewachtes Elefantenkalb erlegen.

DIE WANDERER

Diese Gruppe von Elefanten, die in einer Teeplantage grast, ist in einem Jahr rund 1290 Kilometer gewandert. Vermutlich haben sie ihre Heimat infolge von Überfüllung verlassen: Alle Elefanten Chinas leben in nur einem Naturschutzgebiet.

HELDEN FÜR ELEFANTEN

SHERMIN DE SILVA

Shermin de Silva, Präsidentin und Gründerin von Trunks & Leaves Inc. ist auf der Insel Sri Lanka aufgewachsen und fand Elefanten nie außergewöhnlich. Die riesigen Tiere sind dort allgegenwärtig. Sie teilen nicht nur 60 Prozent ihres Lebensraums mit Menschen, sondern sind auch in den Städten anzutreffen, wo sie an Festtagen Menschen auf ihrem Rücken herumtragen. »Man nimmt den Elefanten als selbstverständlich wahr«, sagt de Silva. »Er ist fast so etwas wie ein kulturelles Möbelstück.«

De Silvas Familie zog nach Kalifornien, als sie zehn Jahre alt war. Ihr Interesse an der Sprache intelligenter Tiere brachte sie auf der Uni dazu, sich zunächst mit den Afrikanischen Elefanten zu beschäftigen. Doch sie war sprachlos, als ihr klar wurde, »dass wir trotz der Nähe zu den Asiatischen Elefanten so gut wie nichts über ihr Sozialleben und ihre Kommunikation wussten«.

Also setzte sie ihre Forschungsarbeit in Sri Lanka fort. 2005 rief sie das Udawalawe Elephant Research Project ins Leben, ein Langzeitprojekt zur Beobachtung von Elefanten im Udawalawe Nationalpark, einer Steppenlandschaft rund um einen Stausee. Der Park dient als Zufluchtsort für Elefanten, die ihre Heimat durch Abholzung verloren haben. Dieses Projekt gilt nach wie vor als eines der langlebigsten Forschungsprojekte über Asiatische Elefanten.

Während ihrer Forschungsarbeit wurde de Silva klar, dass ihre Arbeit umsonst war, wenn die Menschen die Asiatischen Elefanten studierten, ohne sich auch für ihre Erhaltung stark zu machen. Daraufhin gründete sie ihre gemeinnützige Organisation Trunks & Leaves, die sich für den Schutz der Asiatischen Elefanten einsetzt. Ihre Forschung kreist nun um das Zusammenleben von Elefanten und Menschen. Dabei konzentriert sie sich auf gesellschaftliche Randgruppen, für die der Verlust von Ernten durch Elefanten verheerend sein kann und die kaum dazu zu bewegen sind, ihr Land den Elefanten zuliebe aufzugeben.

»Ich suche zunehmend nach Lösungen für Menschen, nach einer Lebensgrundlage für Menschen«, erklärt sie. »Wenn wir eine Zukunft für die Elefanten wollen, muss es auch eine Zukunft für die Menschen geben. Wir können die Menschen nicht unberücksichtigt lassen.«

Links: Shermin de Silva kehrte für die Elefantenforschung in ihre Heimat Sri Lanka zurück. — Gegenüber: Ein nebliger Morgen im Nagarahole Nationalpark, einem der bestgeschützten Lebensräume für Elefanten in Indien.

DANK

Paula Kahumbu: Mein Dank geht an Andrew Halliday für die redaktionelle Unterstützung und an National Geographic, Save the Elephants, die Wild Lives Foundation, USAID und den Whitley Fund for Nature, die alle meine Arbeit unterstützt haben.

Claudia Geib: Ein herzliches Dankeschön geht an all die wunderbaren Menschen, die ihre Forschungs- und Elefantenexpertise mit mir geteilt haben und die mir auf meinem Weg wertvolle Hilfe geleistet haben: Joyce Poole von ElephantVoices; Festus Ihwagi von Save the Elephants; Claire Bolles, Abigael Simaloi Pertet und Wilson Sairowua vom Mara Elephant Project; Laura Brown und Rob Ramey, die die Desert Elephant Conservation leiten; Susan Canney, Leiterin des Mali Elephant Project; Hendrick Munembome, Leiter von Elephant-Human Relations Aid; Patrick Aria Omeja von der Makerere University; Katy Payne und Daniela Hedwig vom Elephant Listening Project; T. N. C. Vidya vom Jawaharlal Nehru Centre for Advanced Scientific Research; Shermin de Silva von Trunks & Leaves Inc.; Nurzhafarina Othman von Seratu Aatai; und das gesamte Filmteam von Oxford Scientific, das seine Erfahrungen beim Filmen dieser außergewöhnlichen Tiere für die National-Geographic-Serie mit mir teilte.

Mehrere Bücher haben mir dabei geholfen, die Welt der Elefanten und der Menschen kennenzulernen, die sie erforschen, schützen und sich mit den wichtigen Fragen bezüglich dieser Tierart beschäftigen: *The Astonishing Elephant* von Shana Alexander, *Elephant Destiny* von Martin Meredith, *Elephants* von Hannah Mumby und *Fuzz* von Mary Roach.

Ich hätte dieses Buch nicht schreiben können ohne die Vorarbeit, die vor langer Zeit von meinen Eltern geleistet wurde. Sie vermittelten mir mit jeder Gute-Nacht-Geschichte die Liebe zum Wort und mit jeder aus dem Kirschbaum gefischten Raupe und jeder von der Straße geretteten Schildkröte die Liebe zur Natur. Danke, dass ihr meine ersten Artikel gelesen und mir gesagt habt, dass ich weitermachen soll.

Und ich danke Matt: für deinen geschäftlichen Rat, die Vernichtung von Selbstzweifeln, die Überarbeitung von E-Mails, die regelmäßigen Kaffepausen und, was am wichtigsten ist, für deine Unterstützung bei allen kreativen Vorhaben – *merci mille fois*.

ÜBER DIE AUTORINNEN

Paula Kahumbu ist eine der weltweit führenden Persönlichkeiten im Kampf für den Elefantenschutz und gegen die illegale Wilderei zwecks Elfenbeinhandel. Sie wurde in Nairobi geboren und ist die CEO von WildlifeDirect, einer kenianischen NGO, die von Richard Leakey gegründet wurde. Dort hat sie im Jahr 2013 die Kampagne »Hands Off Our Elephants« (Hände weg von unseren Elefanten) ins Leben gerufen. Diese Anti-Wilderei-Kampagne hat bis heute dazu beigetragen, den Bestandsverlust der Elefanten in Kenia um 80 Prozent und die Nashorn-Wilderei um 90 Prozent zu vermindern. Die National-Geographic-Forscherin, die in Princeton promoviert hat, ist Produzentin und Moderatorin von *Wildlife Warriors*, der ersten in Afrika gedrehten Wildlife-Doku-Serie, und Chefexpertin für die National-Geographic-Fernsehserie *Secrets of the Elephants*. Als Preisträgerin des Whitley Gold Award und des Rolex National Geographic Explorer of the Year (beides aus dem Jahr 2021) genießt Paula Kahumbu internationale Anerkennung für ihre Einflussnahme auf die Sensibilisierung der Gesellschaft und die Gesetzes- und Strategiereformen zum Erhalt der Elefanten und der Lebensräume, auf die sie angewiesen sind. Weitere Informationen zu ihrer Arbeit gibt es unter *www.wildlifedirect.org.*

Claudia Geib ist Wissenschaftsjournalistin und lebt auf Cape Cod, Massachusetts. Sie befasst sich mit Meeresforschung, Wildlife- und Umweltthemen. Ihre Artikel sind unter anderem in den Magazinen *National Geographic*, *WIRED*, *Hakai Magazine*, auf *Mongabay* und in der *New York Times* sowie in der Anthologie *The Best American Science and Nature Writing 2022* erschienen. Sie ist die Produzentin von Gastropod, einem Podcast über Lebensmittel aus wissenschaftlicher und historischer Sicht. Wenn sie nicht gerade schreibt, findet man sie oft am, auf oder unter Wasser. Mehr über Geibs Arbeit findet man unter *www.claudiageib.com.*

BILDNACHWEIS

Karten: IUCN/SSC AsESG, WCS, WWF 2020. Die Rote Liste der bedrohten Arten der IUCN, Version 2022-1. Wüstenelefantenkarte (S. 118) zusätzlich: Desert Elephant Conservation; Integrated Rural Development and Nature Conservation (IRDNC).

NGIC = National Geographic Image Collection
NPL = Nature Picture Library

Umschlagvorderseite, shutterstock/SasinTipchai; Umschlagrückseite, Frans Lanting; 1, Michael Nichols/NGIC; 2–3, Michael Nichols/NGIC; 4, Sharon Heald/NPL/Minden Pictures; 6–7, Frans Lanting/NGIC; 8–9, Michael Nichols/NGIC; 10–11, Michael Poliza/NGIC; 12–3, Steve Winter/NGIC; 14, Denis-Huot/NPL/Minden Pictures; 17, Charlie Hamilton James/NGIC; 23, Michael Nichols/NGIC; 24–25, Charlie Hamilton James/NGIC; 26, Beverly Joubert/NGIC; 31, Michael Nichols/NGIC; 36, Clement Kiragu/ClementWild; 38–39, George Steinmetz/NGIC; 40–51, Michael Nichols/NGIC; 52–53, Stephen Wilkes; 54–55, Cory Richards/NGIC; 56–57, David Doubilet/NGIC; 58–59, Michael Nichols/NGIC; 60–61, Staffan Widstrand/NPL/Minden Pictures; 62–63, Cory Richards/NGIC; 64–65, George Steinmetz/NGIC; 66–71, Michael Nichols/NGIC; 72–73, David Chancellor/NGIC; 74–75, David Chancellor; 76–79, Michael Nichols/NGIC; 80, Aditya Sanjiv Nair; 81, Joyce Poole und Petter Granli/NGIC; 82–83, Michael Nichols/NGIC; 84, Jasper Doest/NGIC; 89, Jasper Doest/NGIC; 90, Pete Oxford/NPL; 92–99, Michael Nichols/NGIC; 100–101, Education Images/Universal Images Group via Getty Images; 102–105, Jasper Doest/NGIC; 106–107, Michael Nichols/NGIC; 108–109, Jasper Doest/NGIC; 110–111, Michael Nichols/NGIC; 112, Michael Nichols/NGIC; 113, Patrick Omeja; 114–115, Ben McRae/Alamy Stock Photo; 116, Christophe Courteau/NPL; 122, Christophe Courteau/NPL; 124–125, Johan Swanepoel/Alamy Stock Photo; 126–127, Michael Poliza; 128–129, Stephane Vitzthum/Biosphoto/Alamy Stock Photo; 130, Tony Heald/NPL; 131, Eric Baccega/NPL; 132–133, Des und Jen Bartlett/NGIC; 134–135, blickwinkel/McPHOTO/M. Schaef/Alamy Stock Photo; 136–137, Christophe Courteau/NPL; 138, Gekko Gallery/Shutterstock; 139, Andrew Forsyth; 140–141, Laura MacAlister Brown; 142–143, Annie Griffiths/NGIC; 144, Christin Winter, EHRA Namibia; 145, Tony Heald/NPL; 146–147, Juan Carlos Munoz/NPL; 148, Cyril Ruoso/NPL; 153, Steve Winter/NGIC; 158, Kirsten Luce/NGIC; 159, Amanda Mustard/NGIC; 160–161, Shaaz Jung; 162–169, Steve Winter/NGIC; 170–171, Axel Gomille/NPL; 172–173, Jagdeep Rajput/Danita-Delimont/Alamy Stock Photo; 174–175, Yashpal Rathore/NPL; 176–177, Shaaz Jung; 178, Hugh Lansdown/FLPA/Minden Pictures; 179, Andy Rouse/NPL; 180–181, Biju Boro/AFP via Getty Images; 182–183, Will Burrard-Lucas/NPL; 184–185, Shaaz Jung; 186–187, Wang Zhengpeng/VCG via Getty Images; 188, Udawalawe Elephant Research Project; 189, Shaaz Jung.

EBENFALLS LIEFERBAR:

ISBN 978-3-86690-762-1

ISBN 978-3-86690-801-7

IMPRESSUM

Verantwortlich: Susanne Caesar
Übersetzung aus dem Amerikanischen: Susen Truffel-Reiff
Lektorat, Satz: Akademischer Verlagsservice Gunnar Musan
Korrektorat: Asta Machat
Umschlagadaption: Mathias Frisch
Herstellung: Bettina Schippel
Printed in Turkey
Elma Basim Yayin ve Iletisim Hizmetleri

In diesem Buch wird aus Gründen der besseren Lesbarkeit das generische Maskulinum verwendet. Weibliche und andere Geschlechteridentitäten werden dabei ausdrücklich mitgemeint, soweit es für die Aussage erforderlich ist.

Die Deutsche Nationalbibliothek verzeichnet diese Publikation in der Deutschen Nationalbibliografie; detaillierte bibliografische Daten sind im Internet über http://dnb.d-nb.de abrufbar.

★★★★★

Sind Sie mit diesem Titel zufrieden? Dann würden wir uns über Ihre Weiterempfehlung freuen. Erzählen Sie es im Freundeskreis, berichten Sie Ihrem Buchhändler oder bewerten Sie bei Onlinekauf. Und wenn Sie Kritik, Korrekturen, Aktualisierungen haben, freuen wir uns über Ihre Nachricht an Bruckmann Verlag, Postfach 40 02 09, D-80702 München oder per E-Mail an lektorat@verlagshaus.de.

Unser komplettes Programm finden Sie unter:

www.nationalgeographic-buch.de

Titel der englischen Originalausgabe: *Secrets of the Elephants*

Bildredaktion: Kathy Moran; Designer: David Griffin
www.morangriffin.com

2. Auflage 2024

Deutsche Ausgabe veröffentlicht von
NG Buchverlag GmbH. In der Bruckmann Verlag GmbH,
Infanteriestr. 11a, 80797 München.
Lizenznehmer von National Geographic Partners, LLC

This edition is published by NG Buchverlag GmbH through licensing agreement with National Geographic Partners, LLC.

ISBN 978-3-98701-029-3

Seit ihrer Gründung 1888 hat sich die National Geographic Society weltweit an mehr als 14000 Expeditionen, Forschungs- und Schutzprojekten beteiligt. Die Gesellschaft erhält Fördermittel von National Geographic Partners LLC, unterstützt unter anderem durch Ihren Kauf. Ein Teil der Einnahmen dieses Buches hilft uns bei der lebenswichtigen Arbeit zur Bewahrung unserer Welt. Das legendäre NATIONAL GEOGRAPHIC-Magazin erscheint monatlich. Darin veröffentlichen namhafte Fotografen ihre Bilder und renommierte Autoren berichten aus nahezu allen Wissensgebieten der Welt. National Geographic im TV ist ein Premium Dokumentations-Sender, der ein informatives und unterhaltsames Programm rund um die Themen Wissenschaft, Technik, Geschichte und Weltkulturen bereithält. Falls Sie mehr über National Geographic wissen wollen, besuchen Sie unsere Website unter www.nationalgeographic.de.